国家自然科学基金青年科学基金项目(41201166)
江苏高校优势学科建设工程资助项目

南四湖流域城市化水文效应研究

薛丽芳 著

中国矿业大学出版社

内容简介

基于城市单点尺度对城市化水文效应研究的不足，本书提出面向流域的城市化水文效应研究思路及应对策略。应用多学科综合交叉研究的手段，探索构建面向流域的城市化水文效应研究过程。以南四湖流域研究区为对象，研究1980年以来流域的城市化进程及其对流域自然水循环要素过程的干扰和破坏；提出了流域健康水循环的涵义及其量化表达；关注于基于健康水循环导向的城市化水文效应在流域、城市尺度的应对策略与实现。

图书在版编目(CIP)数据

南四湖流域城市化水文效应研究/薛丽芳著.—徐州:中国矿业大学出版社,2017.1

ISBN 978-7-5646-3013-3

Ⅰ.①南… Ⅱ.①薛… Ⅲ.①南四湖—流域—城市化—水文学—研究 Ⅳ.①P33

中国版本图书馆CIP数据核字(2016)第018101号

书　　名　南四湖流域城市化水文效应研究
著　　者　薛丽芳
责任编辑　潘俊成
出版发行　中国矿业大学出版社有限责任公司
（江苏省徐州市解放南路　邮编221008）
营销热线　(0516)83885307　83884995
出版服务　(0516)83885767　83884920
网　　址　http://www.cumtp.com　**E-mail**:cumtpvip@cumtp.com
印　　刷　徐州中矿大印发科技有限公司
开　　本　787×1092　1/16　**印张** 9　**字数** 242千字
版次印次　2017年1月第1版　2017年1月第1次印刷
定　　价　30.00元
（图书出现印装质量问题，本社负责调换）

前　言

在全球气候和环境变化的背景下，城市化过程中人类活动对水循环、水量平衡要素及水文情况的影响及反馈已成为全球变化及区域可持续发展领域研究的前沿和热点问题之一。缺水、污染和洪涝灾害等只是问题的表象，原有的水循环被不断增多的不透水地面所阻隔，降水—径流—蒸发—入渗比例失调、水系自然功能退化、污染物质在时空范围内的集聚等才是问题的核心。选择“面向流域的城市化水文效应”旨在从流域尺度研究城市化与自然水循环的耦合机理和时序规律，评价流域城市化进程对水循环要素产生的影响，探讨水资源环境约束下的城市和流域可持续发展策略。

国内关于水文过程对城市化响应的研究，目前主要集中在上海、北京、广州、深圳及长三角、京津冀和珠三角等快速或高度城市化地区。而城市化对水文过程的影响具有明显的区域性和阶段性特点，揭示不同自然地域、不同城市化阶段下的水文响应过程，并将其归纳、总结出规律性的结论具有重要意义。

南四湖流域的基本特征为：(1) 流域水系具有特殊性但是相关研究比较薄弱；(2) 流域目前城市化刚进入加速发展阶段，而且属于典型的核心聚集式的城市化模式。与已经高度城市化地区对自然水循环造成较强的不可逆性特征相比，无论从城市发展目标、用地规模及发展空间等宏观方面，还是水资源的利用方式、对待河流和雨水的态度等微观方面，南四湖流域人水关系的可塑性都比较大。鉴于中国东部中小城市的快速发展趋势和社会主义新农村建设的深入发展，选择南四湖流域为研究区，在城市化加速发展进程中，探索城市化与流域自然水循环相互和谐的发展模式，为建立良好的人水关系而努力。

全书共分为七章：第一章主要分析研究的背景及意义，介绍当前国内外的研究进展；第二章构建城市化及其各个要素与流域自然水循环相互作用的耦合机理；第三章基于统计数据和遥感影像解译，分析南四湖流域城镇化进程及其对流域下垫面的影响；第四章定量评价流域城市化等人类活动过程对降水、河川径流、暴雨径流、蒸发、河网水系等水循环要素和水循环通道的影响；第五章基于水文模型，模拟和预测城镇化进程中不同气候和下垫面输入条件下主要水文参数的响应过程；第六章基于流域健康水循环的涵义，构建了城市化进程中流域健康水循环状态的评价指标体系，评价流域水循环的健康状态。第七章从城市和流域两个尺度提出面向流域健康水循环的城市化水文效应应对策略。

本书是国家自然科学基金项目“面向流域的城市化水文效应与城市可持续发展研究”(41201166)、“城市水文循环降水入渗条件的调控与修复模型”(40371113)的综合研究成果。

感谢中国矿业大学谭海樵教授多年的引导，使我得以接触到这样一个有意义的领域。感谢沂沭泗流域管理委员会孔祥光教授、德国 ISOLDE. ROCH 教授、中国矿业大学朱奎副教授给予的指导和帮助，感谢沂沭泗流域管委会杜庆顺博士、环保部环境规划院田玉军教授等人在资料收集、流域考察等方面给予的大力支持和帮助。感谢中国矿业大学地球信息科学研究所所有老师的帮助和宽容。李成博士、张士政、阎艳、于红学、孟瑶瑶、江燕、田莉娟、王森、赵越、杜杰、孟禹弛、李超、吴迪、刘家、江晓雨、张晓、林荣清、符小静、盛成香、徐云靖、要倩倩、杨浩、张政、张小露、朱林、李明志、朱鹏程等硕士研究生参与了本书的研究，在水文参数的定量评价、模型模拟、图表的处理等方面做了大量的工作，在此深表感谢，一并致谢！

由于作者水平与时间所限，本书只是初步研究成果，许多方面还有待进一步分析和完善，书中不妥之处敬请批评指正。

薛丽芳

2016年10月

目　录

第1章　绪　　论

1.1　研究背景及意义

城市化水文效应是指城市化进程中所引起的水文变化及其对环境的影响或干扰，对其理解应倾向于城市化过程中人类活动对水循环、水量平衡要素及水文情况的影响及反馈。城市地区用水量增加而导致的水资源紧张，下垫面性质变化而导致的雨洪径流增加、洪涝灾害频繁，污水增多而导致的水污染严重是其直接反映；而河道断流、湿地萎缩、荒漠扩展、地下水超采、海水入侵、水土流失以及河流生态系统破坏等问题往往综合爆发。这些"并发症"反过来又制约了城市及其所在区域的可持续发展。城市化进程中的水资源、水循环及其水环境已成为全球变化及区域可持续发展领域研究的前沿和热点问题之一。

目前城市化水文效应的理论和案例研究多数是就城市论城市，从城市本身的角度来解决问题，以供水工程、水环境净化工程、防洪排涝工程三大工程为核心的应对策略并没有从根本上解决城市化导致的水问题，而是将问题向流域其他地方甚至其他流域转移。另外，城市规划和建设过程中，对所在流域水资源环境承载力和约束力考虑不够。

事实上，在城市化进程所导致的与水相关的种种问题中，缺水、污染和洪涝灾害等只是问题的表象，原有的水循环被不断增多的不透水地面所阻隔，适合当地地形、气候等自然条件的降水—径流—蒸发—入渗比例失调、城市水系自然功能退化才是问题的核心。而无论城市位于流域的什么位置，城市水系始终是流域水系的有机组成部分，无时无刻不在参与流域整体的水文循环，城市水系通畅与否势必会影响到所在流域水系的整体功能。反过来，当整个河流系统不堪重负，整体的流动性难以为继，出现断流乃至濒临消亡时，城市的生存与发展必然也无以为托。在中国城市化进程不断加快、社会主义新农村建设深入发展的时期，如何有效地协调城市规模激增与流域自然水文循环之间的矛盾，在城市规划与建设过程中落实与城市化同步的流域水文循环补偿与修复策略，对城市健康发展和流域可持续发展具有重大意义。选择"面向流域的城市化水文效应"为研究课题旨在从流域尺度研究城市化与自然水循环的耦合机理和时序规律，评价流域城市化进程对水循环要素产生的影响，探讨水资源环境约束下的城市和流域可持续发展策略。

国内关于水文过程对城市化响应的研究，目前主要集中在上海、北京、广州、深圳及长三角、京津冀和珠三角等快速或高度城市化地区（史培军等，2001；袁建新等，2011；高晓薇等，2012；许有鹏等，2009；程江等，2010；李倩等，2012；刘玉明等，2012）。而城市化对水文过程的影响具有明显的区域性和阶段性特点，揭示不同自然地域、不同城市化阶段下的水文响应过程，并将其归纳总结出规律性的结论具有重要意义。

南四湖流域的基本特征为：① 受河道袭夺的影响河网系统异常复杂，且人为干扰极其严重,流域水系具有特殊性但是相关研究比较薄弱;② 流域目前城市化刚进入加速发展阶段,而且属于典型的核心聚集式的城市化模式。与已经高度城市化地区城市化对自然水循环造成较强的不可逆性特征相比,无论从城市发展目标、用地规模及发展空间等宏观方面,还是水资源的利用方式、对待河流、雨水的态度等微观方面,南四湖流域人水关系的可塑性都比较大。鉴于中国东部中小城市的快速发展趋势和社会主义新农村建设的深入发展,选择南四湖流域为试验区,在城市化加速发展进程中,探索城市化与流域自然水循环相互和谐的发展模式,为建立良好的人水关系而努力。研究成果有助于从理论、方法和案例的角度充实城市化水文效应以及变化环境下的城市可持续发展问题研究,并且为研究区的流域空间规划、流域城镇体系规划和各城市的可持续发展,以及流域水资源合理配置和水生态环境保护提供理论和技术支撑。

1.2 国内外研究进展

1.2.1 土地利用/覆被变化的水文效应

20世纪90年代以来,世界不同国家和地区相应出现了许多与水相关的问题,水问题已经成为限制国家和区域可持续发展的关键性因子,水文科学问题也成为国家地球科学发展中的一个重要方面。有关国家组织实施了一系列国际水科学计划,如IHP(Intenational Hydrological Programme,国际水文计划)、WCRP(World Climate Research Programme,世界气候研究计划)、IGBP(International Geoshpere-Biosphere Programme,国际地圈生物圈计划)、GWSP(Global Water System Project,全球水系统项目)等,其目的是从全球、区域和流域不同尺度和交叉学科途径,探讨环境变化(包括全球气候、环境变化和人类活动影响等)下的水循环及其联系的资源与环境问题。变化环境下的水文循环研究成为21世纪水科学研究的热点(李秀彬,1996;2002;夏军等,2002;刘昌明,1994;I. R. Calder,1993;Z. Tang 等,2005;邓慧平,2001)。研究结果表明:较长时间尺度上,气候变化对水文水资源的影响更加明显;但短期内,土地利用/覆被变化(Land Use/Land Cover Change,LUCC)是水文变化的主要驱动因素之一。

土地利用/覆盖变化直接体现和反映了人类活动的影响水平,其对水文过程的影响主要表现在对水文循环过程及水量水质的改变作用方面,最终结果直接导致水资源供需关系发生变化,从而对流域生态和社会经济发展等多方面产生显著影响。LUCC水文效应的研究是目前乃至未来几十年的一个热点问题。LUCC通过与流域水文循环过程的联系,进而影响到以水为纽带的地表物质的迁移。加上人类活动的农业化、工业化、城市化、政治化过程往往是通过土地利用方式的改变作用于资源环境系统,因而LUCC的水文水资源效应分析成为区域资源、生态、环境及经济部门利益的协调等可持续发展问题上政策分析的重要手段。

影响地表及近地表水文过程的主要土地利用/覆被变化过程可归结为:植被变化(如毁林和造林、草地开垦等)、农业开发活动(如农田开垦、作物耕种和管理方式等)、湿地排水、道路建设以及城镇化等。径流能够反映整个流域的生态状况,也能用于预测未来土地利用/覆被潜在变化对水文水资源的影响,因此,目前LUCC水文效应的研究主要侧重于对径流影响的研究,其中年径流量、枯水径流量和洪水过程的变化是反映径流变化的重要方面。表1-1粗略概括了以往有关研究工作的结果(邓慧平等,2001),其中关于城市化水文效应的关注点在于城市不透水面积增加产生的水文效应,具体表现为:地表径流、径流系数、洪涝灾害增加,而河川径流、蒸散发减少,水质下降。城市化是对土地利用改变最强烈的人类活动之一,城市化的水文效应必然成为LUCC水文效应研究的核心。

表1-1　　土地利用/覆被变化的水文效应

土地利用与土地覆被变化	地表径流	河川径流	径流系数	蒸散发	洪涝	水土流失	水质
森林遭受破坏,森林覆盖率下降	湿润地区 增加	减小	减小	增加	增加	增加	下降
	干旱地区 增加	减小	增加	减小	增加	增加	下降
城市化不透水面积增加	增加	减小	增加	减小	增加		下降
围垦水域	增加	减小	增加	减小	增加	增加	下降
旱荒地改水田,旱地改水浇地	减小	增加	减小	增加	增加		下降

1.2.2 城市化水文效应

水资源紧张,雨洪径流增加、洪涝灾害频繁,水污染严重是城市水文效应的直接反映,这些问题从1960年代城市水文学诞生之日起就成为其主要研究对象。1974年,UNESCO的研究报告系统地论述了城市化进程引起的水文效应为:对水资源的需求增加导致供需矛盾,对自然环境的改变导致水循环和水平衡的改变,废水排放污染了径流和地下水,并指出城市水问题在各国都是相类似的,而困扰发展中国家的诸多问题在发达国家也曾经或正在经历着,因此加强国际交流与合作研究是至关重要的。M. Imbe等(1995)总结了城市化引起水文环境效应中6种需要解决的问题:日常水流量的维持,防洪,水资源的保护和开发,生态系统的保护和修复,污染控制,热环境的改进。P. Cottingham等(2003)提出"城市综合症"的概念,明确指出流域内的城市化进程给河流生态带来的影响主要表现为:水文、水力学扰动,河流形态学扰动,水质退化以及生物栖息地的退化或单一化。李丽娟等(2007)的研究也明确了城市化的水文效应主要是水源问题、控制洪水问题和污水控制问题。

国内外关于城市尺度的城市化水文效应的研究涉及到城市水文学、城市地理学、城市规划与设计、市政水利工程和市政管理等交叉学科,研究内容集中在城市化水文效应的表现形式和研究方法上。其表现形式主要包括:城市化对降水的影响、对径流过程的影响、对径流特征及雨洪灾害的影响、对水资源量的影响、对水质和水土流失的影响。可是与自然水系或是农村地区水系的研究相比,人们对城市水系的研究还未得到应有的关注(P. Cottingham等,2003)。

(1) 对降水的影响

综合国内外学者的研究,城市化对降水的影响可以总结为:① 市区降雨量大于郊区降雨量;② 降水时空分布趋势明显,降水以市区为中心向外依次减小;③ 城市化使得城市暴雨雨日增多。

美国圣路易斯市的试验研究(1971～1975)表明,城区夏季降雨次数、总雨量和大暴雨的平均雨强部分明显增加,同时雷雨发生次数也增多,而雨量增加最明显的地区位于市区下风向东北部的工业区。美国Vijay P. Singh教授认为:城市化过程造成城市相对于农村而言雨量增多5%～10%，而2英寸以上降雨日数则增多10%(杨士弘等，2003)。国内主要以大城市的研究为代表。周淑贞等(1994)研究表明，北京市1980年代平均城区年降水量比郊区要多9%，广州市1980年代平均降水量市区比郊区多9.3%，上海市1960～1989年市区汛期年平均降水量比周围郊区多3.3%～9.2%。刘湛沅(2009)指出，济南市城市化进程中导致明显的"雨岛"效应，1998～2003年城区降水量明显增加。然而，城市化对降雨的影响仍然存在一定的不确定性和争议，更深层次的规律和机理还有待进一步研究。

(2) 对径流和雨洪灾害的影响

城市化后，天然流域被开发、植被受破坏、土地利用状况改变、不透水性下垫面大量增加，使得城市地区的水文循环过程发生巨大的变化。

北美洲安大略环境部的资料对城市化的扰动过程有非常直观的描述。都市化前，天然流域的蒸发量占降水量的40%，入渗地下水量占50%；都市化后，由于人类活动的影响，流域降水量增多，但降水渗入地下的部分减少，只占降水量的32%，填洼量减少，蒸发减少25%，而产生的地面径流的部分增大，由地表排入地下水道的地表径流量为43%(杨士弘等，2003)(图1-1)。尽管其中各个环节的分配比例可能依据流域的自然地理环境、面积大小及城市密度大小而不同，但是所揭示出的城市化对水文循环影响的基本规律是普遍性的：降水在径流—存储—入渗—蒸发各环节的分配比例随着城市不透水面积比例的增加而改变，流域不透水下垫面的百分比愈大，其贮存水量愈小，地表径流越大。

城市化对洪水过程的影响主要表现为使洪峰及洪量增大，过程线峰形尖瘦，陡涨陡落，洪峰频率及其分布形式发生变化。从目前的研究看来，由于研究者研究的水文地区不同以及研究中采用方法的不同，相同降雨条件下，城市化引发的径流增加量并不统一。尽管如此，城市化导致洪峰流量及径流总量的增加这一结论是被确认的，许多研究者都通过自己的研究证实了这一结论。

早在1965年，克里彭在沙伦河流域使用单位线方法研究发现，面积为24.5×0.41 hm^2的小集水区在城市化后暴雨径流的洪峰流量为城市化前的3倍。Lepold指出，当一地区有20%的面积由下水道排水和不透水盖层时，溢岸洪水的发生频率将增加一倍，河流流量将增加0.6倍。Van der Weert对印尼爪哇西部Citarum流域(面积为4 133 km^2)1922～1929年和1979～1986年期间年均径流量变化的研究表明，两个时期年均降雨量基本相等，但后一时期的年均径流量比前一时期增加了11%。Z. Tang、B. A. Engel等预测了城市的不同扩展模式对流域径流的影响，通过模拟得出：Muskegon River流域在1978～2040年，如果采用非蔓延扩散的城市增长方式，流域中城市土地利用面积比例从4%增加到8%，而导致径流量增加5%；如果采用蔓延扩散的增长方式，城市用地比例将增加到11.5%，流域径流量将增加12%。

申仁淑(1997;1998)利用长春市1990～1992三年9次洪水计算得出平均径流系数约为0.55，而当地自然条件下的径流系数约为0.20。文立道等(1998)建立了北京市以不透水面积为参数的降雨—径流相关图，并发现在通惠河乐家花园站以上流域内，径流系数已超过0.50，洪峰流速由20世纪50年代的0.3～0.5 m/s增至90年代的0.6～0.7 m/s。王紫雯等(2002)对杭州市的研究发现，当流域内城市不透水面积达到城市面积的20%时，3年一遇降水强度的产流量会提高1.5～2倍。高俊峰等(2002)指出，太湖流域1996年流域下垫面状况下的产水量比1986年多10.18×10^8 m^3，与该流域1990年以来持续高水位的现象相吻

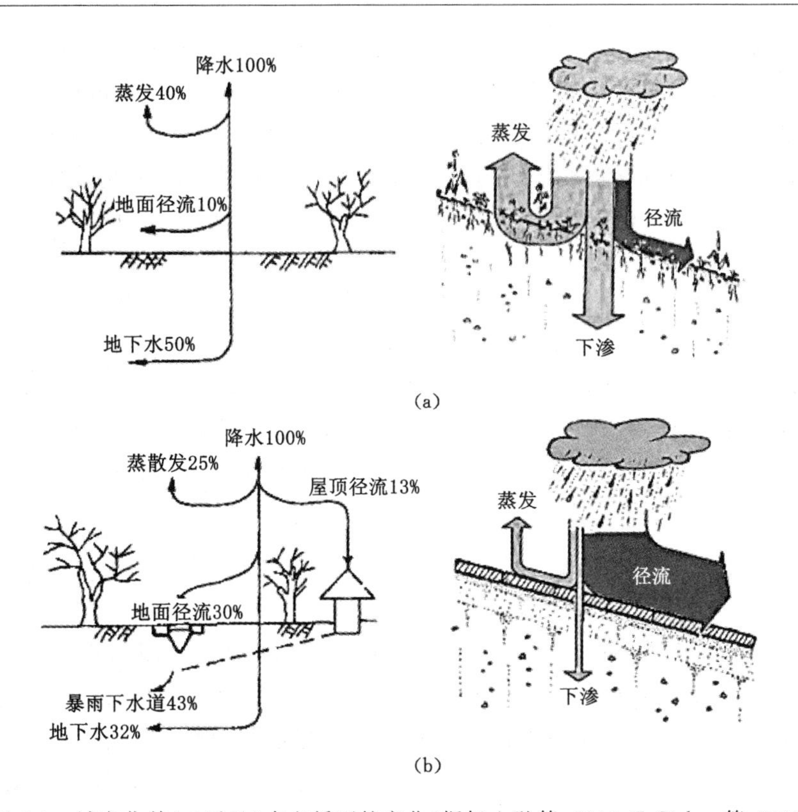

图 1-1 城市化前(a)后(b)水文循环的变化(据杨士弘等,2003;F. Sieker 等,2006)

合。史培军等(2001)指出,土地利用变化使大江大河下游三角洲地区"小水大灾"现象频繁发生。

此外,城市化过程中由于过度开采地下水而使地面下沉,导致防洪设施功能降低,这也是造成城市洪灾的一个重要方面。如新中国成立以来,常州市累计地面沉降量大于 600 mm 的沉降区已达 43 km^2,无锡市达 59.5 km^2,苏州市达 180 km^2。苏州市 30 年来,市区最大累计沉降量已达 1 682 mm,上海市下沉最严重地区 70 年累计沉降量已达 2 630 mm,嘉兴市 40 年来,地面沉降累计达 81.4 cm,其周围城镇的地面沉降也均大于 50 cm。目前,从苏锡常至上海、嘉兴已形成 8 000 km^2 范围的地下水漏斗。

(3) 对水资源量的影响

我国目前由于水资源短缺给许多城市的水资源和环境保护带来很大压力。全国有近 60%的城市缺水,有 2/3 的城市和部分农田以地下水作为主要供水水源和灌溉用水,而后者占地下水总开采量的 81%。曹喆等(2002)从城市人口增长与水资源利用、城市工业结构与水资源利用以及城市化水平与水资源短缺的关系等方面探讨了天津城市化发展对水资源利用的影响。曾晓燕等(2005)以成都为例,通过研究发现城市化与水资源利用成正比例关系,城市化程度越高,对水资源的需求量就越大;随着城市化的发展,居民生活用水量和工业需水量随着人口和经济的发展而不断增加。

(4) 对水质的影响

城市化对径流水质的污染主要包括点源污染和面源污染两种方式。整体说来,目前对城市区域地表水质量的研究大多限于点源污染及其对大江、大河的影响,而对面源污染,尤其是城市化后地表径流引起的污染以及和人类活动的耦合关系等研究尚处于起步阶段。随着世界范围内各国城市化水平的不断提高，污染的方式和程度将会不断加大，只有在充分了解了面源污染的方式、过程及其与人类活动之间关系的基础上，才能为城市地表水质量的评价提供依据，进而采取相应措施，控制污染。因此，城市化对地表水质的影响、过程及评价工作将会成为今后城市水文研究中的一个重要方面。

(5) 对水土流失的影响

城市化过程中强烈的人为活动使地表植被和自然地形遭到严重破坏，由此产生的水土流失问题日益严重。格拉芙(B. R. Blcknell，2001)在研究美国丹佛郊区一个小流域的侵蚀状况时发现，在城市大规模开发后形成新生洪积平原上，泥沙沉积物的产生速度比开发前增加了 30 倍。有关部门曾对国内 57 个城市进行调查，水土流失面积约占调查城市建成区总面积的 24%，且其中的 93.5%是由人为因素导致的(孙虎等，1998；2001)。

1.2.3 研究方法

城市化对地表水文过程影响的研究方法主要包括水文特性的时间序列研究，室内模拟试验和水文模型分析法(陈建耀，1997)。

水文特性的时间序列分析法通过收集城市化前后的水量和水质等水文数据，利用一定的水文关系公式，对城市化前后地表的水文特性进行研究。例如，美国地质调查局以城市化前后的流量比值为参数，研制出不同的不透水面积百分数与雨洪下水道覆盖面积百分数的关系图，建立了洪峰流量与流域面积及平均汇流时间的关系式，用于估算不同城市化程度下的洪峰流量。这种方法虽然能够较好地反映城市化地区开发前后的整体发展状况，但由于资料的可比性问题以及水文站点的缺乏等原因，使得水文资料的代表性不够，存在较大的误差。

而室内模拟试验可以较为精确地模拟不同城市化水平条件下的地表密闭状况，因而也可以得出一些较为确切的结论。但是，实际城市化过程非常复杂，土地利用状况千差万别，室内模拟往往将城市化区域地表概化为简单的几种利用类型，这在模拟研究城市化地区地表水文因素的特征改变方面较为有效，而用其模拟研究城市区域水文过程则略显不足。

目前分布式城市水文模型成为研究的主流方法，国际上比较常用的模型有 SWAT、SCS、SWMM、STORM、HEC、TOPMODEL、IHDM、FLATWOODS 模型等。各国学者针对不同的研究目的和研究区域，采用了不同的模型开展了大量研究，对模型改进也进行了坚持不懈的尝试和努力。

1.2.4 研究尺度的转换及趋势

(1) 研究尺度的转换

流域范围内，不同区位节点、不同规模、不同职能类型的城市之间构成一个庞大的城市体系网络，已经成为流域水文循环过程中不可缺失的组成部分。然而，目前以工程为主的解决方案多数是将城市作为流域中的孤立点，考虑单个城市的利益，忽视了城市水文效应的外部成本和流域的整体性。于是我们看到的结果是：为了满足供水，城市不得不严重超采地下水或修建越来越远的长距离供水工程，向地下、上游或跨流域索水，而下游城镇不得不承受缺水和上游的污水，流域整体水环境越来越恶化；为了迅速排水，城市修建了越来越庞大的排水管网，却不得不承受越来越严重的洪涝灾害和污染。各种工程措施面对城市的不断扩张永远是捉襟见肘，形成"城市扩建—工程建设延伸—再扩建—再延伸"恶性攀升怪圈。城市中各种改善水问题的工程措施尤其是给排水工程，并没有根本解决城市发展导致的水问题，而是将问题向流域的上下游甚至其他流域转移。即城市享受着由引水、蓄水、排水而产生的利益，但其生态后果却由流域来承担。必须认识到：只有出于维护流域水循环系统基本功能的流域层次的管理、协调才是有效的。

正是出于对流域水的整体有序性以及城市化进程与流域关系的反思，流域尺度的城市化水文效应评价正在受到越来越广泛的关注。与此同时，基于流域健康水循环和水资源环境约束的城市可持续发展也开始得到重视。自20世纪80年代联合国教科文提出"资源承载力"的概念以来，城市水资源承载力研究在各国方兴未艾。在工业革命的发祥地英国，目前正在酝酿一场绿色工业革命。英国环境国务秘书D. Miliband于2007年在伦敦召开的"保护英格兰农村行动"大会上，提醒人们深刻反思土地利用问题，特别强调了高品质的绿色空间作为一种绿色基础设施的重要性。他明确指出，在大部分土地被开发为住宅用地、工业用地、商业用地、公路和铁路用地的情况下，我们必须在多数人聚居的城市及其周边地区找到一种投资绿色基础设施的方式（AP，2007）。2006年，David Goode博士在写给皇家环境污染委员会（RCEP）的题为"绿色基础设施"的报告中，详细阐述了城市地区水循环重建可能带来的种种环境和社会效益，其中排在前列的包括在河道、河边、湿地和冲积平原生成可持续发展的栖息地、增加生物多样性和河流的蓄洪能力等。近年来在德国境内开展的Emscher流域改造计划（Grotehusmann等，1991）以及在欧洲易北河流域开展的跨国研究（I. Roch，2006），充分体现出从流域角度开展水循环重建研究的重要性。

文献分析表明，有关城区地表径流系统修复的研究大多集中在城市化程度较高的欧美发达国家，而尚处在城市化进程中的中国，人水和谐共存正逐渐成为各界人士的共识。张杰等（2010）提出了基于自然资源循环规律的城市水系统健康循环理论与方略。包括植被恢复、河道补水、生境修复等在内的河流生态修复技术已得到长足的发展（刘昌明，1999，2008），Tan等（1999）指出城市局部地区降雨入渗条件的调控必须服从于城市所在流域水文循环的需要。方创琳等（2006，2009）对基于水资源约束的干旱区城市化、城市体系的空间发展、城市发展预警以及中国快速城市化过程中的资源环境保障问题与对策等进行了长时间的系列研究。王浩等（2010）提出"自然—人工"二元水循环条件下的水资源环境管理理念。许有鹏等（2009）系统研究了城市化高度发展的长江三角洲地区城市化对流域水系与水文过程的影响。各种流域水文模型也不断涌现（王中根等，2004）。

2012年国务院提出了关于实行最严格水资源管理制度的意见：要加强水资源开发利用控制红线，对流域和区域严格控制用水总量；加强用水效率控制红线管理，在水资源短缺、生态脆弱地区要严格控制城市规模过度扩张，限制高耗水工业项目建设和高耗水服务业发展，鼓励并积极发展污水处理回用、雨水等非常规水源开发利用；加强水功能区限制纳污红线管理，推进水生态系统保护与修复。明确提出开发利用水资源应维持河流合理流量和湖泊、水库以及地下水的合理水位，充分考虑基本生态用水需求，维护河湖健康生态。住房和城乡建设部2013年下发通知，要求各城市编制并报送城市排水（雨水）防涝综合规划；2014年颁布《海绵城市建设技术指南——低影响开发雨水系统构建》，旨在构建基于自然循环的雨水流通通道。住建部和国土资源部于2015年提出要配合修订相关规划给城市划定边界，以制止各地城市无节制扩张规模的现象。

尽管目前城市的水务管理模式已经发展到了第四代(C. Davis,2008),城市雨水的收集利用技术也日臻完善(牛文全等,2005),同时基于人类对河流生存状态的担忧和河流基本功能的认可程度的提高,国内外关于河流健康以及流域健康的理论及评价体系的研究方兴未艾。但总体上,面向流域的城市化水文效应评价、从流域尺度来集成规划各城市的水资源利用以及水资源环境约束下的城市规划与可持续发展还处于起步阶段。

(2) 研究趋势

① 基于城市化同步的水文循环修复来解决城市化水文效应。城市化进程对城市自然水系的改变固然有其不可逆转性,但是城市建设对流域水文循环的干扰破坏并非完全不可避免、不可修复,更不是非要等到城市化之后才能开始重建,关键是要进行科学的研究,找到重建的核心环节,以及把握合理的重建时机和可持续性指标(A. Boitsidis 等,2004),以恢复“自然—人工”二元水循环的连通性,并确保城市地区水系的流动性(J. Goodman 等,2006),也就是要在分析、评价城市化进程是如何不断影响流域自然水循环各要素和过程的基础上,提出流域水循环重建的环节、速度及其模式。

② 重建与自然平衡的城市规划与发展理念。中国正处于大规模城市投资、建设和大规模改变自然与人类环境的关键时期。中国城市要么重蹈美国破坏世界环境的覆辙;要么就必须利用这个人类历史的重要时机,选择一条可持续发展的新路(Nancy B. Grimm,2008)。而 2011 年中国国家最高科技奖授予人居环境科学创建者——吴良镛院士,似乎寓意了这条道路的未来与责任。

1.3 研究内容与方法

1.3.1 研究目的和内容

本书以城市化刚进入加速发展期的南四湖流域为研究区,以城市化进程中的下垫面变化为切入点,探讨城市化发展等人类活动对下垫面与河流水系、水循环过程及水循环健康程度的影响。以期回答:气候与人类活动各自对南四湖水循环要素的影响是什么样的?在城市化的不同阶段,城市化对流域水循环的扰动特点和程度是什么样的?

主要研究内容包括以下五方面:

① 城市化与流域自然水循环的相互作用过程及耦合机理。基于流域水循环的特点,构建城市化与自然水循环耦合的压力—状态—反馈模型;进而将城市化分解为人口、经济规模扩张,给排水系统扩张,城市土地利用扩展,流域城镇体系发展四个不同方面,分别构建城市化单要素与流域水循环的耦合机理;基于城市化发展进程,提出城市化与流域水系统耦合的时序规律。

② 流域城镇化与下垫面变化特征分析。从行政区划和子流域两种空间视角,分析流域 90 年代以来的城镇人口和下垫面的时空变化特征及其规律。

③ 流域水循环要素变化的定量评价。选取流域内有较长序列水文资料和有代表性的气象、水文站点,利用其 60 年代以来的气象和径流资料,定量评价城市化等人类活动过程对降水、年径流、暴雨径流、蒸发、河网水系等水循环要素和水循环通道的影响。

④ 流域水文效应的模拟与预测。采用校准和验证好的 SWAT 水文模型,设置了多种情景,模拟、预测城镇化进程中不同气候条件和下垫面条件下主要水文参数的响应过程,以

解释气候与人类活动各自对水循环要素的影响是什么样的，在城市化的不同阶段，城市化对流域水循环的扰动特点和程度是什么样的。

⑤ 流域健康水循环状态评价。基于流域健康水循环的涵义，构建了城市化进程中流域健康水循环状态的评价指标体系，将南四湖流域概化为 8 个子流域，评价其水循环的健康状态。

1.3.2　研究方法

借助遥感和地理信息系统等技术的支持，采用宏观与微观相结合、定性与定量相结合、水文模拟与地理综合分析相结合、多学科交叉的研究方法，探讨南四湖流域城市化对下垫面、水循环要素及其健康状态的影响，从不同的时空尺度上模拟与预测城镇化进程中不同气候条件和下垫面条件下主要水文参数的响应过程，从城市节点和流域尺度提出了面向健康水循环的城市化水文效应的应对策略。具体的分析过程包括：

(1) 资料收集与数据库建立

通过野外调研，收集研究区不同时期的地形图、土地利用图以获取实际水系和下垫面状况，收集 80 年代以来三个典型时期的 TM 遥感影像以获取土地利用/覆被变化，收集主要站点的气象、水文资料以获取气候和水文特征参数的变化。建立研究区主要数据的属性数据库和空间数据库(表 1-2)，为研究提供数据支撑。

表 1-2　　研究区的基础数据库及其来源

数据类型	数据来源
土地利用/覆被	中国科学院计算机网络信息中心国际科学数据镜像网站(http://www.gscloud.cn)，Landsat 4—5 TM 遥感影像 10 景，1987、2000 年各 5 景，2014 年采用 5 景 Landsat 8 OLI 遥感影像
城镇空间位置	国家基础地理信息数据中心，获得县市边界、遥感影像提取的城镇斑块空间区位
人口数据	枣庄市、济宁市、菏泽市、徐州市统计年鉴
长系列水文数据	淮河流域水文统计年鉴、淮河流域沂沭泗水系实用水文预报方案
长系列气象数据	中国气象科学数据共享服务网下载 1961～2013 年气象数据
高程	国际科学数据服务平台网站下载分辨率为 30 m 的 DEM 数据
土壤	来源于 FAO(联合国粮农组织)提供的 1：100 万土壤图
植被	中国西部环境与生态科学数据中心提供的“中国地区长时间序列 SPOT—VGT 植被指数数据集”中下载 2008～2013 年 6～8 月空间分辨率为 1 km 的 DN 数据
水系	国家基础地理信息数据中心

(2) 图像解译和信息提取过程

将解译后三期遥感图像和数字化地形图等叠加对比，获取各时期的土地利用/覆被和水系变化过程，据此分析南四湖流域城市化发展对流域下垫面变化和河湖水系的影响。

(3) 定量评价过程

包括水循环要素变化和水循环健康的定量评价过程。水循环要素的定量评价选择湖西的东鱼河鱼城站、新万福河孙庄站、洙赵新河梁山闸站、梁济运河后营站；湖东的洸府河黄庄站、泗河书院站、城河滕州站、蟠龙河薛城站 8 个典型流域，基于流域气象、水文站点 60 年代以来的逐日雨量、逐日蒸发量、逐日径流量、典型暴雨洪水等气象、水文数据，基于多种水文序列时间数学模型，分析主要水循环要素的长时间序列变化，定量区分气候和人类活动对径流变化的贡献度。

从自然条件、城市化特征、河流健康状况和综合水安全格局四个角度选择10个指标构建城市化进程中流域水循环健康状态的评价指标体系，评价城市化进程中流域水循环的健康状态。

(4) 模型模拟与预测过程

校准和验证SWAT水文模型，使其适合南四湖流域的水文过程模拟。选择全流域、子流域、城市空间流域三个空间尺度5个典型流域，从不同时间尺度，设置4种情景，综合模拟水文参数对气候和下垫面变化的响应过程。

第 2 章　城市化与流域水循环的耦合机理

2.1　流域水循环过程

2.1.1　流域自然水循环

自然水循环是指地球上各种形态的水，在太阳辐射、地心引力等作用下，通过蒸发、大气输送、凝结降水、下渗以及径流等环节，不断地发生相态转换和周而复始运动的过程。

流域是陆地水循环研究最基本的单元。基于流域的水循环研究作为流域水资源综合开发利用、集成管理的基本依据，不仅具有重要的实践意义，而且从科学研究的角度讲，它是从宏观全球尺度向微观局地尺度的过渡，是连接微观研究和宏观研究的重要纽带，也是尺度化过程(包括 Upscaling 和 Downscaling)的焦点(刘昌明，2006)。

人类活动干扰之前，流域水循环按照自然规律进行，"降水—径流—蒸发—存储—入渗"等各个环节形成符合地域特征的合理的比例关系，水存储于"大气—土壤—地下—地表"各个蓄积库，且互相之间形成稳定而健康的循环转化关系。同时，流域作为开放系统，也与外流域存在一定的物质、能量转化关系，如图 2-1 所示。

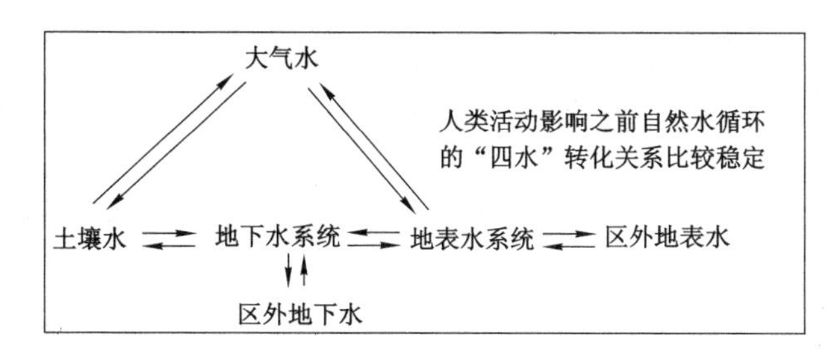

图 2-1　自然水循环转化示意图

(图中各个节点是区域水资源的蓄积库，转化运动过程是水资源的循环流)

自然界水循环作为地球上最基本的物质大循环和最活跃的自然现象，影响着全球的水文气象变化，影响着地貌形态及地壳结构，影响着生态平衡和水资源的开发利用(芮孝芳，2004)，其存在使得各种自然地理现象得以产生、各种自然地理过程得以延续，也使人类赖以生存的水资源不断得到更新，从而永续利用，因此水循环对自然界和人类社会具有非同寻常的意义。研究水循环的根本目的在于认识水循环的规律，揭露水文现象及其变动规律的内在联系，从而正确地决定人类改造和利用自然的措施。

2.1.2 流域社会水循环

在考虑人类活动影响的流域水循环方面，陈家琦、中野尊正等(1986)提出“人工侧支循环”——人类社会引水、用水、耗水和排水的循环。王浩等(2004)提出“自然—人工”水循环二元模式的概念，即在天然水循环的大框架内，产生了由取水—输水—用水—排水—回归5个基本环节构成的人工侧支循环圈，使得水循环演变为二元驱动、二元结构、二元参数的“自然—人工”二元水循环，随之而来的是流域水生态演变、流域水环境演变和流域水资源演变三大演变效应。

基于二元水循环的概念模式，水的社会循环是指在水的自然循环中，人类不断地利用其中的地表径流或地下径流满足生活与生产活动之需，而产生的人工水循环(张杰等，2008)。社会水循环与自然水循环二者之间的联结点在于人类的取水系统和排水系统，给水系统与排水系统好比是一个城市或区域的动脉和静脉，两者不可偏废任何一方。在取排水过程中，如果人类的取水量超过了自然水循环状态下的水资源供给和承受力，河流生态需水量就不能满足，或者人类使用后的污水排放超出了水体自净的能力，都会影响到自然水循环，使自然水循环的健康状态被破坏，进一步影响人类对水资源的利用。

2.1.3 社会水循环与自然水循环的关系

社会水循环是自然水循环的附加组成部分，对自然水循环产生强烈的相互交流作用，不同程度地改变世界上水的循环运动。开发利用水资源是人类对水资源时空分布进行干预的直接方式，在人类大兴水利带来巨大生产效益和能源效益的同时，社会水循环对自然水循环带来的负面影响也日益显现出来。主要表现在以下几个方面：

① 水循环的途径被改变(时空变化)。城市化、人工水库、运河、大坝、长距离跨流域引水等水利工程都大规模地截留水量，改变水循环的途径，使下游河段过水量减少，甚至干涸，导致河流对地下水补给量锐减。

② 水循环量发生变化。人类提取的径流量每年达到全球可更新水资源量的10%左右(杨青山，2008)，显著地改变了地表河流的入海量，使得不同层次区域上水循环量发生了显著的变化。

③ 水质恶化。水体经过人工循环的干扰后，水中化学物质的种类和数量都有了极大的增加。

高强度的人类活动下，水的自然循环与社会循环交织在一起，社会循环依赖于自然循环，又对自然循环造成了强烈冲击，施加着不可忽视的负面影响(图2-2)。但是，只要在水的社会循环中，注意遵循水的自然循环规律，节制用水，不轻易改变水循环的时空途径和水循环量，重视污水的处理程度，使排放到自然水体中的再生水能够满足水体自净的环境容量要求，就能使对自然水循环的扰动保持在

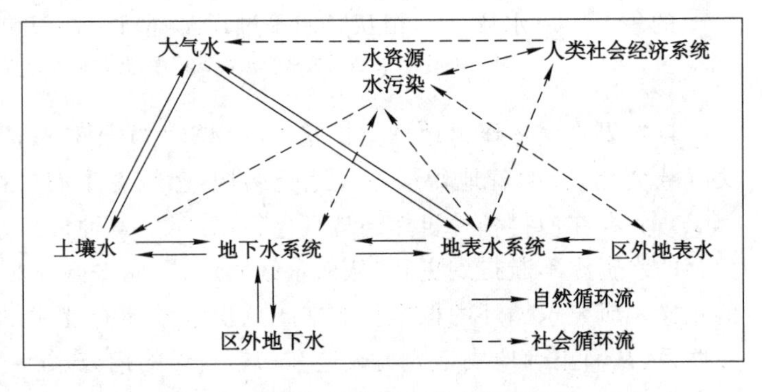

图2-2 自然和社会耦合的水循环系统

可承受的范围内，使其为人类提供有序而持续的服务。可见，节制的取水、理性的用水和完善的污废水收集、处理系统是能否维持水社会循环可持续性的关键，是流域水循环维持健康状态的根本所在。

2.2　城市化与自然水循环耦合的压力—状态—反馈模型

压力—状态—反馈(Pressure-State-Response，PSR)最初是 1970 年由加拿大统计学家 T. Freid 提出，主要用来研究人类活动下的环境演变问题，后来被 OECD(Organization for Economic Co-operation and Development，欧洲经济合作与发展组织)的环境组织修改并用于环境报告。PRS 模型是基于人类活动对自然环境产生压力，同时会改变自然资源的质量和数量以及状态，而人类社会通过环境、经济和政策对这些变化进行响应这样一种因果关系建立的。这些反应形成了人类活动产生压力的一个反馈环。PRS 模型使用因果关系的逻辑思维方式，目的是用以解释我们周边的环境发生了什么、为什么发生以及人类该如何应对这样三个问题。该模型解释了人类活动和环境系统之间的互动关系，具有系统性、综合性的特点，是动态检测人类活动与地理环境系统之间各种耦合关系及连续反馈机制的有效途径，因而得到了较为普遍的认可与应用。一般意义的 PSR 模型可以概括如下(殷克东等，2002)(图 2-3)。

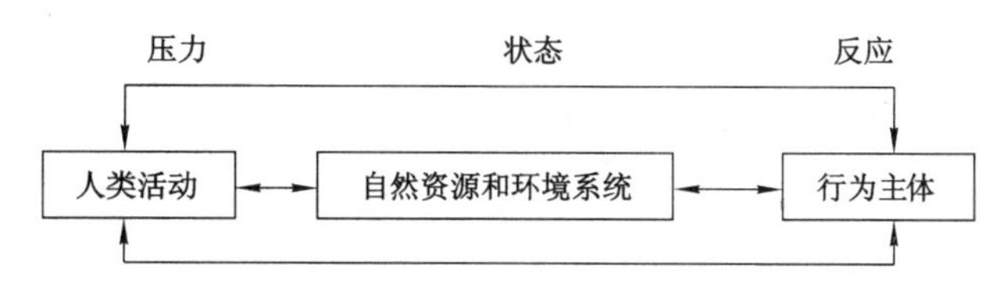

图 2-3　PSR 模型示意图

在城市化与流域自然水循环相互作用而构成的耦合系统中，人是积极主动的方面，人作为调控耦合系统的主体，一方面通过社会经济活动作用于流域水循环过程，影响着其结构和功能，另一方面又不断调控自身的行为以适应流域自然水循环的规律。反过来，流域水循环过程则通过资源与环境为人类社会经济活动提供物质基础，并制约人类活动的规模、强度及效果。

城市化过程伴随着人口增长、经济发展、地域扩张、给排水系统扩建、上下游城市对于水资源的争夺及在水质上的相互影响等过程，这些过程无时无刻不对流域自然水循环施加着压力(Pressure)，城市化规模越强，速度越快，施压的驱动力就越强，流域自然水循环的反应(State)也就越强烈。其相互作用的主要过程为：① 人口规模和经济规模增加从水量和水质的角度影响到水循环过程；② 城市空间扩张、植被破坏及土地利用变化等改变了降水—径流过程；③ 人类为取水、防洪、提供土地等进行修筑水库、堤坝、河道填埋、改造等活动改变了河流的水力学特征和地貌形态；④ 人类活动对水生态系统和水文化的破坏。在城市化与流域自然水循环的这个“施压—承受”的反馈中，如果河流与流域被视为取之不尽的取水池和可以任意对待的排水沟，流域自然水循环过程则被不断扰乱、破坏，随着压力的增加，破坏程度不断增加，从而使二者的反馈作用处于恶性的无法自我调节的正反馈环(Response)；而如果河流与流域被视为自然资产得到应有的尊重，人类就会基于自然规律来调控自我的行为，使人类活动控制在流域自然水循环过程所能承受的范围之内，二者的反馈作用呈现良性的具有自我调节作用的负反馈过程(Response)。而反馈过程中恶性的正反馈环最终必然会约束人类活动的发展、约束城市化的进程，迫使人类不得不调整、改变对待自然的态度，不断加强对于河流和流域自然水循环过程的尊重；同时，在城市化进程中，随着经济发展水平的提高、科技的进步，对美好环境的需求意愿不断提高，人类对自然资源和环境的价值高度认可和尊重，从而从资金、技术、文化等角度采取积极而科学的节水、污水深度处理再利用、水循环修复等对水生态和水环境的保护和治理措施，就能使受损的水循环过程逐步得以改善，最终使得反馈过程良性化。

根据上述对城市化与流域自然水循环耦合涵义的阐述，并借鉴 PSR 模型的涵义，提出城市化与流域自然水循环耦合的 PSR 概念模型(图 2-4)。基于二者的相互作用模型，可得出：城市是流域中以人工建设为主的节点，流域中城市群节点的加入对流域水系结构和功能的扰动应以不影响和削弱水系的生态及社会经济服务功能为基本原则。

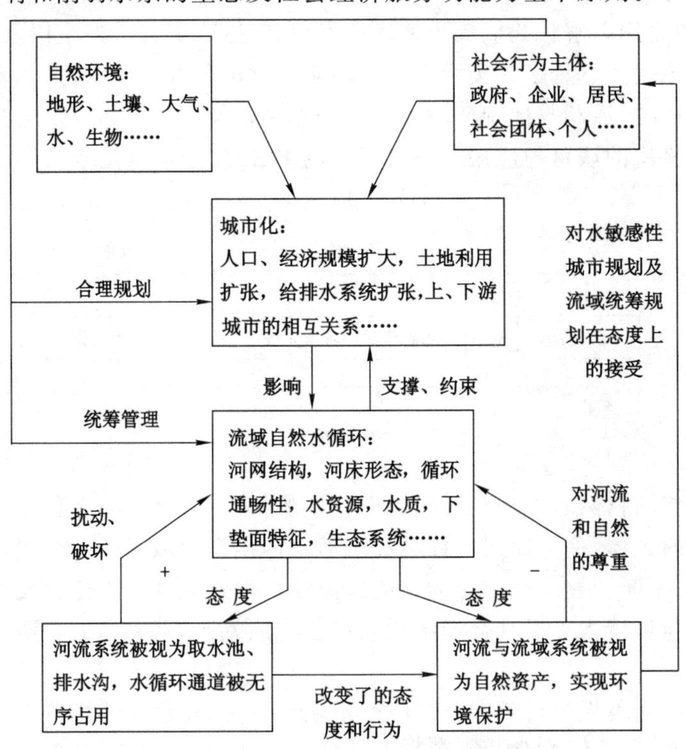

图 2-4 城市化与流域自然水循环耦合作用的 PSR 模型

2.3 城市化各要素与自然水循环的耦合机理

国内外学者多从人口城市化、经济城市化、景观城市化、社会(生活质量)城市化等角度对城市化水平进行综合测度。本书把与流域自然水循环相耦合的城市化过程分解为四个方面：① 城市人口、经济规模扩张；② 城市给排水系统扩张；③ 城市土地利用扩张及城市数量增长；④ 流域内城镇体系发展及不同区位节点上城市之间的相互关系。其中，①、②构成了单个城市“取水—输水—用水—排放”的人工侧支循环，①、②、④构成流域内整个城市群的人工侧支循环，③则反映了城市及城市群的空间扩张过程，及其对流域水循环“蓄—径—排”各环节的影响。下面分别研究各个要素与流域水循环之间的耦合关系。

2.3.1　城市人口、经济规模扩张与流域自然水循环的耦合

城市人口增长、经济规模增加对流域自然水循环过程影响的核心介质点为：通过改变径流（地表径流、地下径流）的数量和质量而对流域自然水循环产生影响。径流是使河流及流域物质循环、生态系统赖以维持的基础，河川径流的减少和污染，将使得整个河流和流域系统趋于衰竭。反过来，当径流的数量、质量受到的扰动达到一定强度时，会制约城市人口增长和经济发展。目前，大多城市所面临的水资源短缺、水污染严重及洪涝灾害频发等水安全问题即是直接表现。二者相互作用的物理模式如图 2-5 所示。

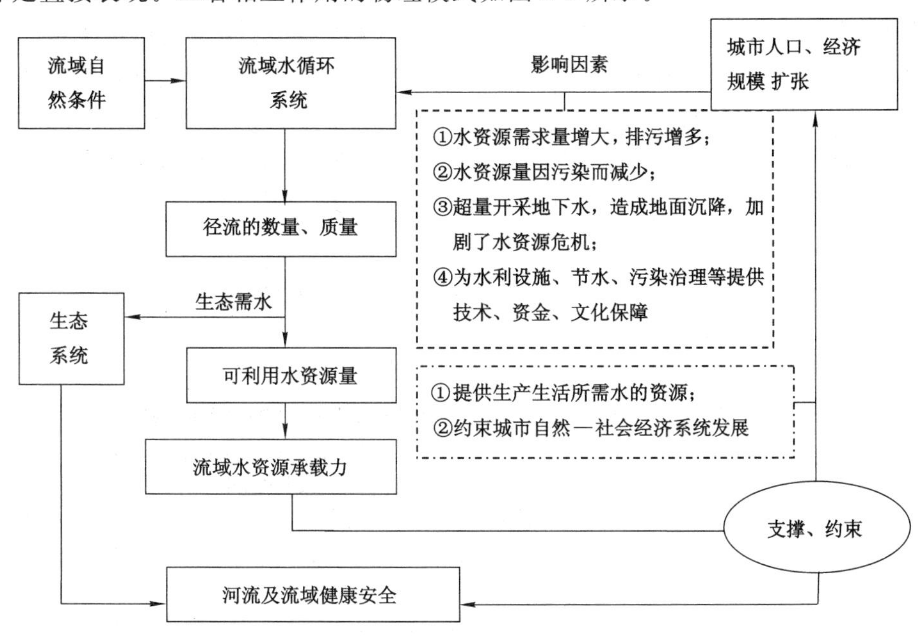

图 2-5　城市人口、经济规模扩张与水文循环的耦合机理

城市化进程中，随着农村人口向城市人口的转移和城市人口的自然增长，城市人口总量明显增加，进而使得城市生产能力增加，产业规模不断扩大，城市层次和规模得以提升，而城市总用水量、用水结构以及用水效率都将发生相应的变化。在流域城市群的共同影响下，流域的水资源、水环境会受到一定程度的干扰、破坏，其压力通过城市人口和经济对水资源、水产品的消费和废污水的排放表现出来。另一方面，流域水资源的数量、质量以及时空分布会对流域内各个城市的城市化发展产生一定的影响，如影响城市的人口规模，产业发展以及基础设施的布局等诸多方面。在这一过程中，只有通过技术、资金投入、文化进步以及社会认知（对良好生态环境以及人与自然和谐共处的意愿及认知）的不断提高，才能减轻水资源与水环境的恶化。

从定量评判的角度，流域人口、经济规模扩张对水资源的需求应该以不占用流域生态需水、不损坏河流流动性的基本功能为前提。

2.3.2 城市空间规模扩张与流域自然水循环的耦合

在追求土地利用的经济效益的价值观背景下，流域内城市群数量的增加及单个城市的空间规模扩张与生态空间缩小之间呈现此消彼长的恶性循环关系。城市扩张中人口密度和建筑密度的增加，用大量不透水性下垫面替代了自然状态下的森林、草地、湖泊、湿地及农田，使得河流水系的生态空间被挤占，景观破碎化。二者相互作用的介质点为流域下垫面及土地利用类型的改变。这种扰动过程直接、间接影响到水循环过程的蒸发、降水、径流、下渗等环节，产生一系列的城市化水文效应，并最终影响到河流及流域的健康安全（影响结果）。反过来，上述影响结果会使得城市不得不面临日益严重的洪涝灾害损失、亲水空间缺失、环境品质下降等问题，从而制约城市的宜居性能和城市发展。而如果人类能够积极地认识到人类的生存之道在于维持良好的生存环境，能够认识到遭受健康和安全威胁的河流及流域状态最终会制约城市的可持续发展时，会通过明智的规划来约束流域内城市体系的空间格局及单个城市的空间发展规模和方向，进而使流域内的城市空间和生态空间的相互关系处于良性状态。二者耦合的物理模式如图 2-6 所示。从可操作的技术层面上，本书对二者的相互作用的过程及结果的关注点，集中于流域内不透水性下垫面的增加及其空间格局对水循环参数的影响。

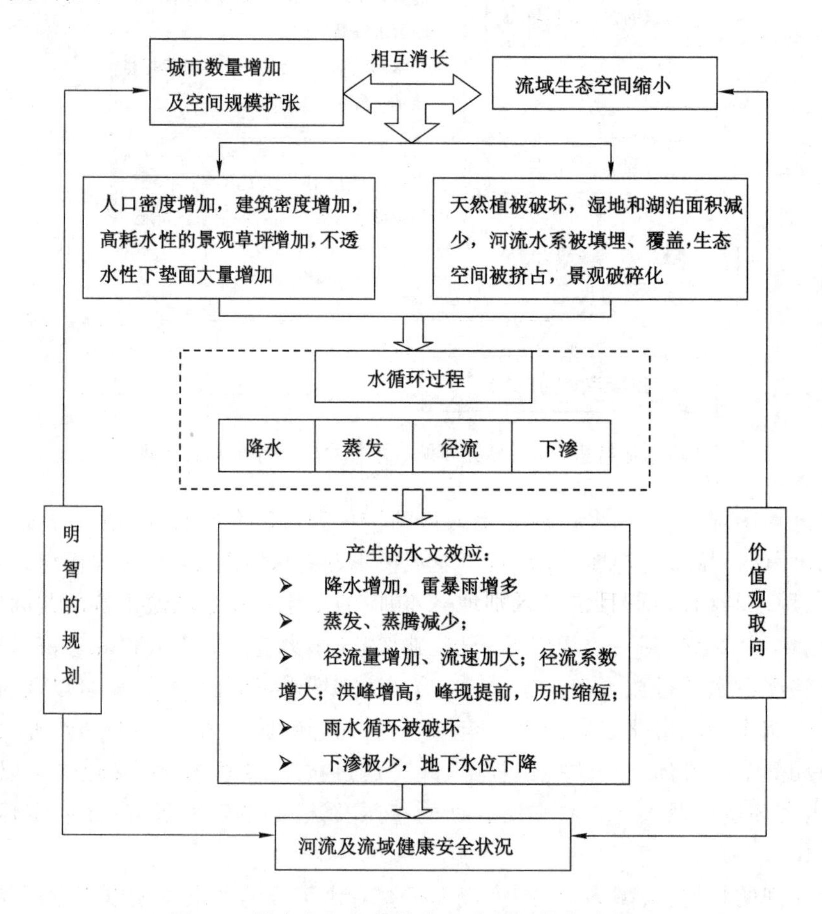

图 2-6　城市空间规模扩张与水循环的耦合机理

2.3.3　城市给排水系统扩张与流域自然水循环的耦合

城市给水工程包括取水工程、净水工程、输配水工程(给水管网)，排水工程包括污水处理厂和排水管道系统。排水管道包括雨水管和污水管，而排水制度分为分流制和合流制。分流制指用管道分别收集雨水或污水，各自独立成系统，污水管专门排污水，有些工业废水要单设管道系统。合流制指只用单一的管道来排除污水和雨水(李德华，2001)。

城市人口、经济规模扩张，城市需水和污水排放同步增加，城市取水工程和排水系统不断扩大。二者的耦合作用主要表现为以下三个循环圈(图 2-7)。

① 城市给水系统以“充足、低价地供给清洁的水”为目标，为了满足供水，城市地区的径流量越来越少。目前，弥补城市水资源不足的流域对策有两种：一是在上游大规模筑坝，雨季大量蓄水，旱季放流，采用长距离的取水工程，使平常可利用水量接近流域水大循环的平均径流量，即“径流的时间平均化”(丹保宪任，2002)；二是修建跨流域供水工程，将河流进行流域变更，即“径流的空间平均化”。当河流径流时空分配平均化的强度超越河流基本功能(流动性)发挥的临界点时，河流系统受损。同时，远距离的供水工程使得城市运行成本剧增，而制约着城市的发展。

② 城市排水系统则以“防止雨洪内涝、排除和处理污水、促进城市卫生和发展、保护公共水域水质”为目的。河流中废污水的增加，一方面使清洁水减少，另一方面，稀释、净化污水需要大量的清洁水，从而导致水质性缺水，当河流污染水环境超越其临界点时，河流系统受损。基于城市下垫面的不透水特性以及光滑直线型的排水管网特性的影响，城市暴雨形成的洪水具有流量大、洪峰高、历时短的特点，因此，传统的城市规划及排水设计习惯于将雨水当做“洪水猛兽”，以“排干疏尽”为首要原则，这样的雨水排放思路和制度一方面使雨水的水循环过程受损，造成城市地区其下游严重的洪涝灾害；另一方面，对城市排水管网造成极大的压力，增加了城市运行成本，制约着城市的发展。

③ 城市发展中，为了提高防洪安全度和供水标准，不断对河流水系进行人工化、渠道化，对河道裁弯取直、拓宽河流断面，两岸修筑高耸的混凝土堤坝，结果导致河流形态变化，河网结构趋于简单化、主干化，河流的行洪、滞洪的空间丧失，河流的资源、生态、文化等主体功能弱化甚至丧失，河流健康受损，最终制约城市的发展。

给水系统和排水系统好比是城市水循环的动脉与静脉，而现代多数城市中，给水和排水系统分别建设，形成了“一进一出”的单向式的流动模式，并且是用达到饮用水要求的优质水供应各种用途，最终作为污水混合处理排放的粗放型的给排水模式。这种模式的后果是：急剧膨胀的城市人口和无节制且不加区别地取水加剧了水资源短缺状况，更加大量的水源不得不被输送到城市地区，同时产生了相应巨大的污水排放量(图 2-8)。

为了缓解城市地区水资源紧张与水环境退化，国际社会付出了巨大的努力，提出了许多概念和设想，例如生态卫生(Ecological Sanitation)，水资源回收和再循环、再利用(3R 原则，Reclamation，Recyling，Resue)，创新的现代城市水系统，城市水环境代谢体系等。这些概念尽管表述不同，但其主体思想是一致的，即基于污水再生再循环技术，将水资源的质与量按用途分类并重复利用，从而将给水系统和排水系统融为一体，共同嵌入自然水循环之中(图 2-9)。

关于二者的定量评判，目前的研究很少有直接的评判指标，间接的指标可通过水资源承载力、水环境承载力、河流的开发利用度、流域内给排水管网长度、密度与流域自然河网长度、密

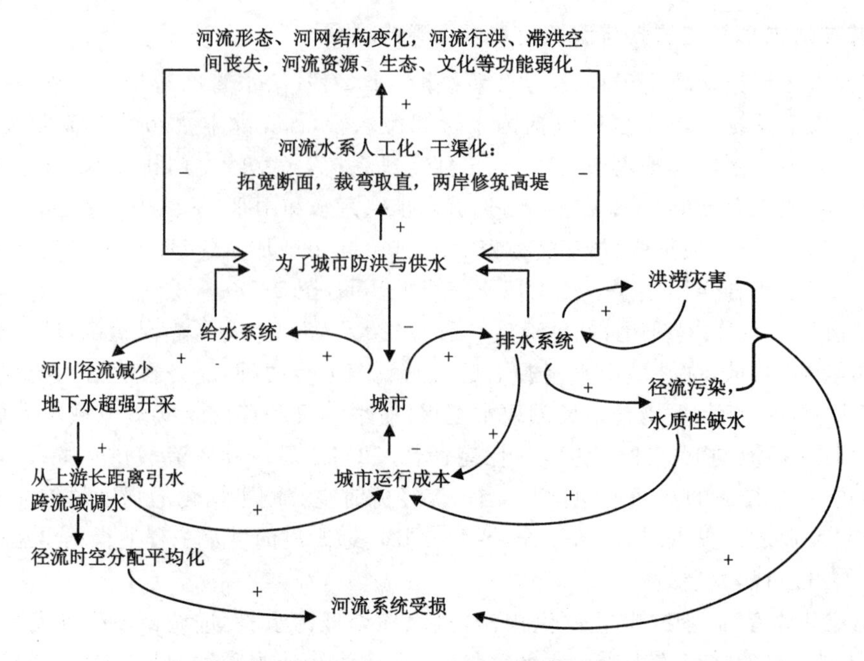

图 2-7　城市给排水管网扩张与水文循环的耦合机理

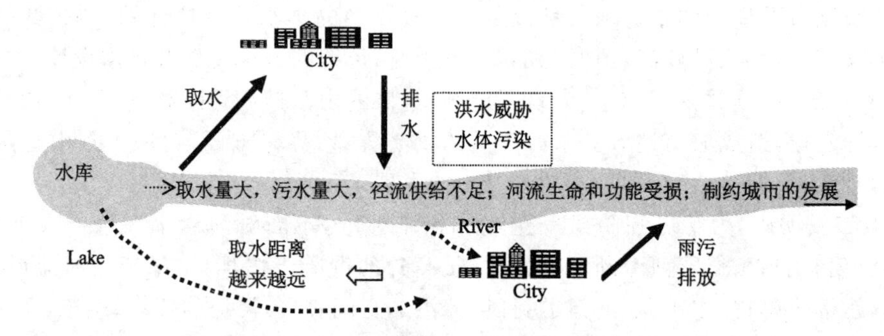

图 2-8　城市单向流动式的给排水系统及城市群的无序发展

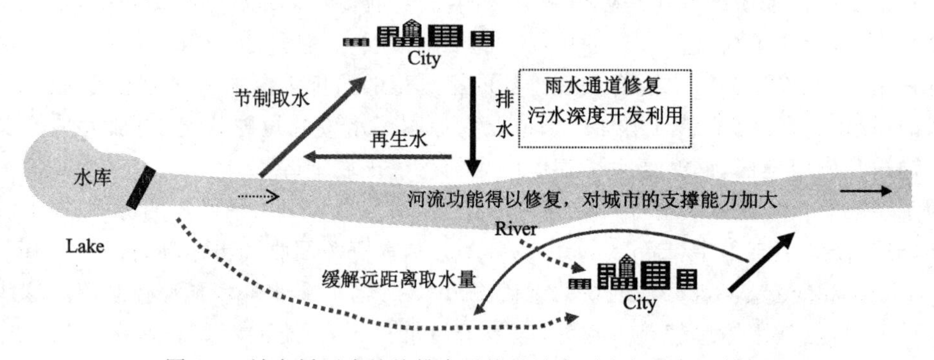

图 2-9　城市循环式的给排水系统及城市群之间的相互协调

度(代表了河网结构)之间的比例来表征。自然状态下的河网结构表征着流域水循环健康状态，那么流域内人工给排水管网的数量越大、密度越大，对流域自然水循环的干扰就越大。

2.3.4　流域城市群与流域自然水循环的耦合

流域是基于水循环过程形成的完整的自然地理单元，集人口、经济规模、用地及给排水管网的扩张于一体的每个城市，都是加入到流域不同水文区位中的一个人为节点，而在一个流域内，也必然存在大大小小不同的城市节点（甚至跨越不同国家）。这些城市节点相互作用，形成了流域内的完整的城市群体（城镇体系），其与流域水循环的相互关系表现为三个尺度：① 每个节点各自对流域水循环的影响，这种影响的主要表现是局部的，即影响到城市节点周围的水资源、水环境与水文过程。② 各个节点之间的相互影响，这种影响是位于河流的上、中、下游，以及支流与干流等不同区位上的城市在取、排水过程中产生的各种矛盾与冲突。上中游城市节点的截水、用水、排水过度，以及中下游城市的各种远距离引水工程都会对流域各个节点上的城市以及流域整体产生影响。如国际上阿以之间为控制约旦河长达数十年的冲突，国内基于引水工程导致的江浙水事纠纷、苏鲁边界水事纠纷、晋豫沁河纠纷、漳河纠纷、浙闽大岩坑水纠纷等；如用水规模剧增导致的 20 世纪 90 年代之后黄河下游断流严重；如美国供水协会对 155 座城市的调查结果显示：城市给水水源中每 30 m^3 水中就有 1 m^3 是经过上游城镇污水系统排出的（张杰等，2008）；如城市雨洪流量大、洪峰高、历时短的特点，会加剧城市及其下游地区的洪水威胁。③ 城市群整体与流域的关系，即流域水资源、水循环对流域范围内城市群整体发展的承载能力。按照国际标准，合理的流域水资源开发利用程度为 40%，即流域 60% 的水资源应留给生态环境系统（而国内许多流域的水资源开发利用程度已超过警戒线，如沂沭泗流域为 74%，海河流域达到 90%，河西走廊超过 100%）。

事实上，上述三个尺度反映的是流域内点（城市等人工节点）、线（河网）、面（流域）之间的关系。流域内诸多水问题的产生源于流域割裂式（分离式）的发展模式，包括城市与城市的割裂、城市与河流的割裂以及城市与流域的割裂，即流域内的水在点、线、面尺度上的有序性被破坏（图 2-8）。而流域作为完整水文地理单元的特点，要求必须以流域为单位，遵循流域水循环的自然属性和系统特征，对流域内的水资源、水环境、水生态进行统筹的开发、利用、管理。要实施利于流域一体化的统筹发展模式，包括城市与城市统筹，城市与河流的统筹，城市群与流域的统筹等，以实现流域内的水在点、线、面尺度上的整体有序性（图 2-9）。

基于流域城市群与流域自然水循环的耦合机理，流域内所有人类活动的“度”应该控制在流域水系自然的物质循环、能量流动所能承受的范围内，并以不破坏河流及流域的健康为基本原则。前文所述，河流及流域健康的根本在于维护河流的基本水文功能，即保证河流的流动性。

2.4　城市化与流域水系统耦合的时序规律

在城市化初期，人类活动对流域水循环的扰动较小；随着城市化进程的加快，流域水循环严重被破坏，流域健康水循环受损；当城市化进入追求质量阶段，文化、技术、价值观、制度等方面的因素的强势介入，使得人类不断修复被破坏的流域水循环，使其逐渐趋于健康化。城市发展与自然水系统的关系大致经历了低水平协调、冲突、磨合和高水平协调四个阶段（图 2-10）。

（1）河川孕育了人类文明，影响着城市的发展和景观

城市的形成、发展及演变与河川水系有着密不可分的关系。在古代文明中，人们总是主

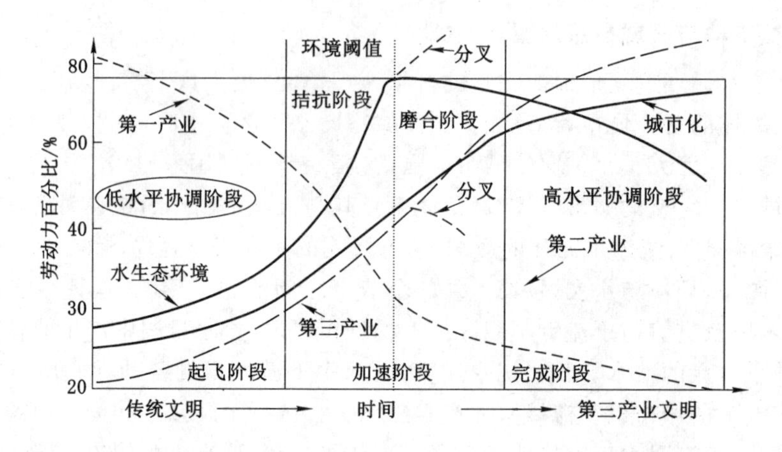

图 2-10　城市化与水生态环境交互耦合的时序规律性图解(据黄金川等,2003)

动逐水而居,寻找可以方便使用的淡水资源,同时又可以较易避开洪涝灾害的地域,并逐渐发展演化成为不同规模的城镇。世界范围内,全部人居环境的60%人口集中在距滨水地域60 km的纵深内(沈清基,2003)。城市的历史就是人类成功地利用水系给城市以生命的发展史。

河流在城市地域空间和景观构成中有着重要的作用。基于不同的历史背景和文明背景,欧洲许多大城市在河流两岸布局、在两岸同时发展,形成"双岸布局"的空间形态,而中国早期许多城市呈现出北岸发达,南岸萧条的"单岸布局"的空间形态(OECD,1993)。此外,城市河流本身与其两岸滨水地带的其他有形物质(如建筑、广场、亲水平台、休闲绿地、码头等)相结合后,会在视觉上产生良好的景观效应,并凝聚了城市的历史积淀和文化精神。塞纳河畔的巴黎、泰晤士河畔的伦敦、马斯河畔的鹿特丹、易北河畔的汉堡、德雷斯顿、哈德逊河畔的纽约、威尼斯湾的美丽水城、小桥流水的苏州城、秦淮河畔的南京、泉城济南、黄浦江畔的上海滩等,无论东西方,许多美丽的城市中都流淌着水的足迹。

(2) 城市发展对水资源需求量的增加和空间扩展对河川自然演化过程的改变

人口增加、工业发展、城市扩大、人们生活质量的提高等带来对自然界水资源无所顾忌的索取,通过大量开采地下水或拦蓄地表水、异地引水等,以获得必需的水量。而城市的急剧发展,以及城市规划缺乏对河川自然演化过程的认识,城市的空间扩展往往占用了河川赖以稳定的流域空间,并且不断以人工化的不渗水表面替代自然下垫面,从而引起河川水量上涨、洪泛频发、水质恶化甚至河水枯竭等自然灾害,并进而改变城市赖以生存的生态环境。这些变化过程如果超过水系统的自组织能力,城市水系统的正常功能就受到破坏,就会出现城市缺水、水质恶化、生态平衡失调等问题,反过来必然抑制城市化发展。

(3) 被破坏的河川系统对城市发展的约束

由于持续强烈地对自然界水资源的索取,需求量超过了自然界水系统正常的水循环所能维持的供水功能,因而招致了自然界的报复。同时,城市发展所带来的废气、废渣、废水的排放,也干扰了水系统的变化。城市水系统的演变会产生如下一些环境问题:形成以城市为中心的地下水降落漏斗,产生大面积的地面沉降,地表水和地下水体被污染,沿海城市强烈抽水而引起的海水入侵等等。在这一阶段,城市发展与水系统的演变已呈现鲜明的不和谐、不协调。从一定意义上讲,限制城市发展的已不再是资金的短缺,而是因为水资源匮乏和水环境的恶化。

(4) 城市发展与水系统的和谐、协调

这是城市化进程的高级阶段。在这一阶段，城市规划师既要塑造城市的美好形象，又要理性地解决好城市中的各种矛盾，依靠现代科学技术的巨大力量，使城市走向可持续发展的正确轨道。例如，针对裁弯取直使河道缩减带来的种种后果，莱茵河第十二届部长会议对沿河国家提出“让莱茵河重新自然化”要求。日本开始提出凡有条件的河段应尽可能利用木桩、竹笼、卵石等天然材料来修建河堤，并将其命名为“生态河堤”。针对传统的将洪水尽快排出的理念，瑞士提出“只要有可能，就要把水留住；除非有必要，绝不让水跑掉”的观念(陈光庭，1998；高云福，1998)。1990 年我国就提出了“利用洪水资源”的观点，建议尽可能利用好洪水可有效补充地下水、冲淤等正面效益(张欧阳等，2003)。2014 年年底，住房和城乡建设部颁布了《海绵城市建设技术指南——低影响开发雨水系统构建》，从国家行政管理的角度开始正式规范和实施基于自然地理过程的城市化水文效应的应对思路和策略。

第3章　流域城镇化与下垫面变化特征

3.1　区域概况

3.1.1　自然地理特征

(1) 区域位置及范围

南四湖流域是淮河流域的子流域，位置在34°24′～35°59′N和114°52′～117°42′E之间，从鲁西南部地区向南延伸至苏北地区，范围北起大汶河南岸，南抵废黄河南堤，东至鲁中南低山丘陵区西侧边缘，西以黄河堤坝为界。南四湖是由北向南连续分布的微山湖、昭阳湖、独山湖、南阳湖四个相连湖的总称，湖区相互之间由自然和人工河道相连，是我国第六大淡水湖。流域总面积为3.17万km^2，其中水域面积约1 266 km^2。行政范围主要包括山东省的济宁、菏泽、枣庄、泰安四个地市，以及江苏省的徐州市。

实际研究区的选择一方面受研究所需的资料的可获性和完整性的限制，另一方面由于湖泊内部的水文过程过于复杂，本研究对于城镇化所驱动的土地利用变化对水文过程的响应只考虑了陆地部分而没有考虑湖泊。因此，实际的研究区没有包括南四湖的湖区部分，主要含菏泽市、济宁市、枣庄市全部以及泰安市、临沂市和徐州市的部分县，流域面积约2.7万km^2，见图3-1和表3-1。

(2) 地貌特征

南四湖流域的大地构造单元属中朝准地台—鲁西中台隆的济宁—成武凹断束，流域内分布着大量的断裂构造和褶皱构造，南四湖湖盆位于鲁西断块西部。受地质格局的控制，湖东和湖西形成了低山丘陵和平原两大类地貌单元，南四湖呈NNW—SSE狭长带状，位于两大地貌单元的交接处，整个地势由东西两侧向中部湖区倾斜。全流域以京杭大运河和南四湖为界，湖东为鲁中南低山丘陵和山前冲洪积平原，湖西为黄河中下游冲积而成的黄泛平原。低山丘陵区分布于流域东北部和东部，地势自北向南降低，高程为100～600 m，主要部分属于泰沂山区，此区域地形破碎，山地与河谷相间排列。山前冲洪积平原较狭窄，分布于东部山前地带，由城郭河、泗河等冲积扇组成，地形坡度较大，冲沟发育，中部略有起伏。黄河冲积平原区的地势由西向东平缓倾斜，高程变化范围小，西部东明一带地势最高，高程大于60 m，东部运河一带地势最低，高程小于40 m。由于黄河曾频繁改道，故地面多见缓岗地、低洼地和斜坡地，总体地势平缓，地面略有起伏。

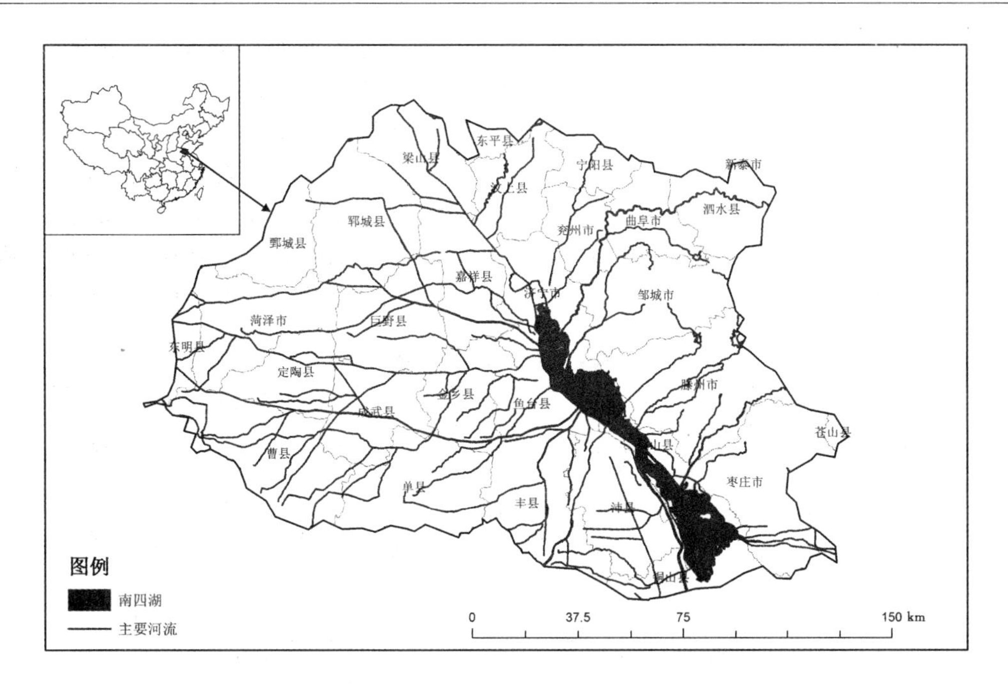

图 3-1　研究区位置示意图

表 3-1　　**南四湖流域行政区划表**

地区名称	市县区个数	市县区名称
济宁市	2 区 3 市 7 县	济宁市市辖区（市中区、任城区）；三市（兖州、曲阜、邹城）；七县（金乡、嘉祥、鱼台、微山、泗水、汶上、梁山）
菏泽市	1 区 8 县	菏泽市市辖区（牡丹区）；八县（曹县、定陶、成武、单县、巨野、郓城、鄄城、东明）
枣庄市	5 区 1 市	枣庄市市辖区（薛城区、市中区、峄城区、台儿庄区、山亭区）；一市（滕州市）
泰安市	3 县	宁阳县、新泰市、东平县
临沂市	1 县	苍山县
徐州市	3 县	铜山县、丰县、沛县

（3）气候特征

南四湖流域属暖温带、半湿润地区的大陆性季风气候区，季风环流是流域内气候的主要控制因素。气候四季分明，夏热多雨，冬寒干燥，春季多风，秋季凉爽。受太阳辐射和水陆热力性质差异的影响，流域常年实际平均温度出现一个以湖面为中心的“暖区”，表现出典型的湖区气候特征。湖区年平均气温为 14.2 ℃，陆地年平均气温为 13.7 ℃。1 月份平均温度约为－1.7 ℃；7 月份平均气温约为 26.8 ℃。无霜期约为 210 天。流域年均降水量约为 690 mm，降水的时空分布很不均匀，空间上湖东大于湖西，南部大于北部；集中在 6～9 月，占到全年总降水量的 60%～80%（鲁孟胜等，2003）。沿湖陆地的平均蒸发量约为 1 700 mm，湖面蒸发量约为 1 490 mm。年均太阳辐射总量 119 kJ/cm^2，日照时数为 2 406.8 小时。年平均风速为 2.5～3.0 m/s。

（4）水文特征

南四湖属于淮河流域，湖泊的东、西、北三面承纳苏、鲁、豫、皖四省30多个县市区的来水，入湖大小河流合计53条。年平均入湖径流量29.6亿m^3，年平均出湖径流量19.2亿m^3。南四湖中部的二级坝将南四湖分为上、下两级湖，二级坝以北为上级湖，二级坝以南为下级湖。汇入上级湖的河流有29条，占总集水面积的88.4%；汇入下级湖的河流有24条，仅占总集水面积的11.6%。流域集水面积大于1 000 km^2的10条河流几乎汇入上级湖，主要有泗河、梁济运河、白马河、洙赵新河、复新河、城郭河、东鱼河、洸府河、大沙河、新万福河。由湖西入湖的河流有25条，由湖东入湖的河流有28条，主要入湖河流分布见表3-2(沂沭泗河道志，1996)。

表3-2　南四湖入湖河流统计表

上级湖						下级湖					
湖东			湖西			湖东			湖西		
河流名称	集流面积/km^2	河长/km	河流名称	集流面积/km^2	河长/km	河流名称	集流面积/km^2	河流长度/km	河流名称	集流面积/km^2	河长/km
泗河	2 366	159	东鱼河	5 923	175	新薛河	663	22	鹿口河	525	
洸府河	1 367	48	洙赵新河	4 206	141	薛沙河	296	22	郑集河	497	
白马河	1 052	60	梁济运河	3 306	88	薛王河	242	35	沿河	338	
城郭河	916	7	复兴河	1 812	54	房庄河	82	11	挖工庄河	310	
北沙河	505	53	大沙河	1 638	60	蒋官庄河	77	3	小河7条	166	
北界河	193	55	新万福河	1 330	71	蒋集河	54	3			
龙河	116	20	洙水河	571	49	中心河	58	7			
幸福河	75	15	老万福河	563	33	小沙河	54	3			
小荆河	53	5	蔡河	322	36	东泥河	53	5			
			姚楼河	113		小河4条	104				
			西支河	96	14						
			惠河	85	26						
			杨官屯河	69							
			龙拱河	52	15						
			老运河	30							

湖西地处黄泛平原，地势平缓，大多河流为坡水型河流，河道宽浅，集流入湖缓慢，洪水量大而峰低。湖东各河流发源于东部山区，大多属于洪水型季节性河流，河流源短流急，洪水势猛而峰高(沂沭泗防汛手册，2003)。

3.1.2　社会经济概况

南四湖流域水资源、矿产资源、生物资源等资源较为丰富，为社会经济发展奠定了基础。流域水资源总量约16.76亿m^3，地表水12.73亿m^3，浅层地下水2.26亿m^3。流域水资源量总体富裕，但时空分配不均匀，加上南四湖为典型的湖盆浅水型湖泊，调蓄库容受气候影响较大，加上流域内各县市无计划地用水和无控制地引水，甚至在干旱年份，强引死库容，往往造成大面积湖面干枯。2013年实施的南水北调东线工程运行以来，对流域的水资源、水生态环境产生了较大的影响。流域的煤炭、稀土等矿产资源比较丰富。煤炭已探明储量127亿t，占山东省探明储量的65%，主要的煤田如枣滕煤田、兖州煤田、济宁煤田等均是东部地区重要的煤炭基地。拥有全国第二大稀土矿，已探明的地质储量约为1 275万t。此外，石灰石、石膏、重晶石、磷矿、铁矿石等资源也比较丰富。明显的矿产资源优势，决定了流域内能源产业及煤炭加工和煤化工产业较发达。冶金钢铁、煤炭化工、机械电子、纺织、医药、食品加工等是其主导产业。邹城、滕州、兖州是全国经济百强县和山东重要的工业发展区，但高耗能产业也对水资源和水环境产生很大的胁迫。

流域的行政区域范围为苏鲁豫皖交界地带，具有面临沿海、连接沿江、带动沿线和东转西移、南北对接的战略地位，拥有良好的发展条件。改革开放以来，流域的经济得到一定程度发展，但是由于多种因素，该流域经济发展一直滞后于沿海其他地区，是环渤海和长三角经济区之间经济发展的"断裂带"和我国东部沿海经济发展的低谷区。流域经济总量规模小，工业化、城市化程度不高，经济外向度偏低，2012年占流域主体的菏泽、济宁、枣庄3个地级市实现国内生产总值约为6 680亿元，占山东省的13.4%，全国的1.3%，人均GDP为32 956元，比山东省、全国的人均GDP分别低18 812元、5 397元。三次产业的增加值分别为744.1亿元、3 639.6亿元、2 295.9亿元，产业构成比为11.1∶54.5∶34.4(山东省、全国的三次产业构成比分别为8.6∶51.4∶40，10.1∶45.3∶44.6)。2012年占流域主体的3地市总人口2 026.8万人，城镇人口647.2万人，城镇化水平为31.9%，低于同期山东省(41.5%)和全国(52.6%)的城镇化水平(表3-3)。流域内社会经济发展不平衡，湖东的经济和城镇化水平总体高于湖西。

表3-3　　流域主要城市社会经济发展状况(2012年)

	总人口/万人	城镇人口/万人	城镇化/%	GDP/亿元	人均GDP/元	三大产业的比重/%		
						第一产业	第二产业	第三产业
枣庄市	377.2	137.0	36.32	1 702.9	45 262	7.80	58.20	34.00
济宁市	815.8	303.3	37.18	3 189.4	39 165	11.60	52.50	35.90
菏泽市	833.8	206.9	24.81	1 787.4	21 461	13.50	54.50	32.00
流域合计	2 026.8	647.2	31.93	6 679.7	32 956	11.14	54.49	34.37
山东省	9 684.9	4 021.0	41.52	50 013.2	51 768	8.60	51.40	40.00
全国	135 404.0	71 182.0	52.57	519 322.0	38 353	10.10	45.30	44.60

虽然低于周边区域和全国的发展水平，但流域社会经济发展总体上已经进入工业化和城市化的加速期，工业化和城市化的需求强烈但发展模式还比较粗放，未来的发展将给流域的资源环境造成巨大的压力。

3.2　城镇化进程分析

3.2.1　指标选取及数据处理

(1) 指标选取和数据来源

城镇化一般认为是指农业人口向非农业人口转化并向城镇集中的过程，它包含：① 城镇人口增加，农村人口相对减少，城镇人口在国家总人口中的比例不断提高(D. Changnon，1996)；② 城镇数量增加、规模扩大和城镇体系的变化(Sheng，2009)；③ 城镇经济关系和生产方式的普及和扩大，农村逐步实现城镇生产方式和生活方式。本节采用城镇人口规模与城镇用地规模2个指标，按县级以上行政区划和子流域两类空间尺度来评价城镇化进程。

人口规模数据包括南四湖流域内29个市、县(县级市、区)行政区划的总人口和城镇人口，数据来源于各市统计年鉴。城镇用地规模来源于遥感影像解译而来的建制市、镇共259个城镇。行政区划范围来源于国家基础地理信息数据中心。

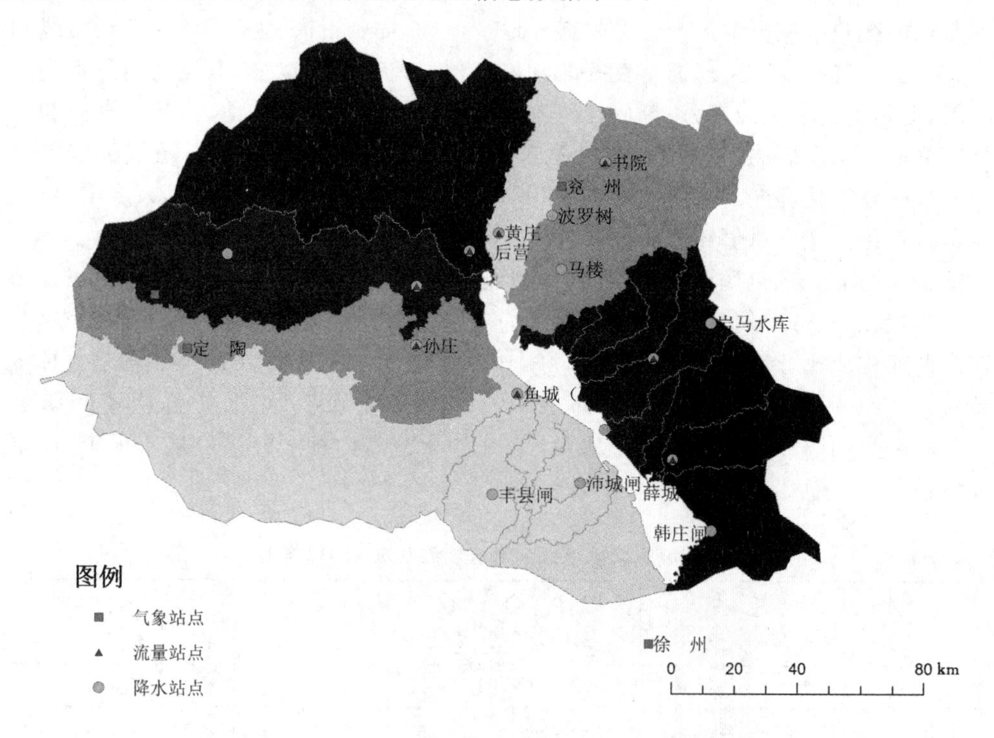

图 3-2　归并后的8个子流域及主要气象、水文站点分布图

表 3-4　　站点所控子流域

子流域编号	面积/km²	水文站点	包含的小流域
①	7 760.57	鱼城	东鱼河、复兴河、大沙河、丰沛河、鹿口河、郑集河流域
②	2 836.78	孙庄	万福河、惠河流域
③	3 164.81	梁山闸	洙赵新河流域
④	4 918.12	后营	梁济运河流域
⑤	1 017.96	黄庄	洸府河流域
⑥	2 845.06	书院	泗河、白马河流域
⑦	2 070.79	滕州	界河、辛安河、北沙河、城河、十字河流域
⑧	2 610.23	薛城	新薛河、蟠龙河、韩庄运河流域

子流域的划分：基于国际科学数据服务平台网站下载的分辨率为30 m的DEM数据和国家基础地理信息数据中心获得的流域1、2级河流数据，在ArcSWAT中模拟流域的生成流域的河网水系。进一步输入已有的数字化水系，对模拟的水系进行校正。手动添加流域

内书院、黄庄、后营、梁山闸、孙庄、鱼城、滕州、薛城等8个主要水文站点的地理坐标，校正后生成21个子流域。考虑到后续章节水文分析的一致性，在ArcGIS中按空间就近归属原则，将21个子流域归并为上述8个水文站点的控制流域，归并后的子流域如图3-2所示，归并后的8个子流域包括的实际流域范围见表3-4。

（2）数据处理

基于人口规模的城镇化数据处理。根据2014年国务院新调整的城镇规模划分标准对流域内29个城镇进行人口等级划分，如表3-5所示。根据3个时间内县市总人口和城镇人口，分别从行政范围和8个子流域的空间尺度，计算城镇化率，见图3-3所示。从子流域尺度上，由于空间的归并，会在一定程度上掩盖子流域内部城镇化的空间差异。

表3-5　　流域城镇人口等级的划分

城镇等级	划分标准	县区城镇数目（个）		
		1990年	2000年	2012年
中等城镇	50万～100万	0	2 （济宁市、枣庄市）	6 （济宁市、枣庄市、菏泽市、滕州市、丰县、沛县）
Ⅰ型小城镇	20万～50万	3	6	8
Ⅱ型小城镇	20万以下	26	21	15

基于城镇建设用地规模的城镇化数据处理。遥感影像中从三期城镇建设用地属性表中得到每个城镇建设用地斑块的面积，借助Arcgis中natural breaks（自然划分）方法将城镇建设用地划分为5个等级，面积大小分别是＜9 km^2、9～20 km^2、20～35 km^2、35～60 km^2、60～120 km^2。从低到高，对应城镇建设用地的Ⅴ、Ⅳ、Ⅲ、Ⅱ、Ⅰ共五个类型。其在行政区划和子流域范围内的空间分布见图3-4所示。

3.2.2　结论与分析

（1）流域总体城镇化率较低

行政范围尺度：基于表3-5和图3-3(a)分析可知，南四湖流域内29个城镇占据中等城镇、Ⅰ型小城镇、Ⅱ型小城镇三个城镇等级，从1990年到2012年城镇人口有较大发展变化，部分城镇从Ⅰ型小城镇发展为中等城镇，如1990年到2000年枣庄市和济宁市从Ⅰ型小城镇发展为中等城镇；2000年到2012年菏泽市、滕州市、丰县和沛县从Ⅰ型小城镇发展为中等城镇；但流域内Ⅱ型小城镇所占比重依然最大。通过人口计算的城镇化率，在1990年仅有济宁市的城镇化率超过30%；兖州市和枣庄市城镇化率在20%～30%之间；湖东剩余县市如宁阳县、曲阜市、邹城市、滕州市，湖西菏泽市城镇化率为10%～20%；城镇化率小于10%的市县，湖西要大于湖东。2000年，济宁市城镇化率超过50%；枣庄市、济宁市、兖州市三个市城镇化率在30%～50%；宁阳县、曲阜市、邹城市、金乡县、菏泽市、微山县发展到20%～30%；其余县市城镇化水平均达到10%以上。2012年，枣庄市、济宁市、丰县、沛县、铜山区城镇化率均达到50%以上；兖州市、枣庄市依然在30%～50%，曲阜市、邹城市、微山县、菏泽市变化了一个等级，城镇化率在30%～50%；宁阳县、金乡县依旧在20%～30%，变化幅度不足5个百分点，泗水县、汶上县、嘉祥县、巨野县、鱼台县、东平县、新泰市城镇化率

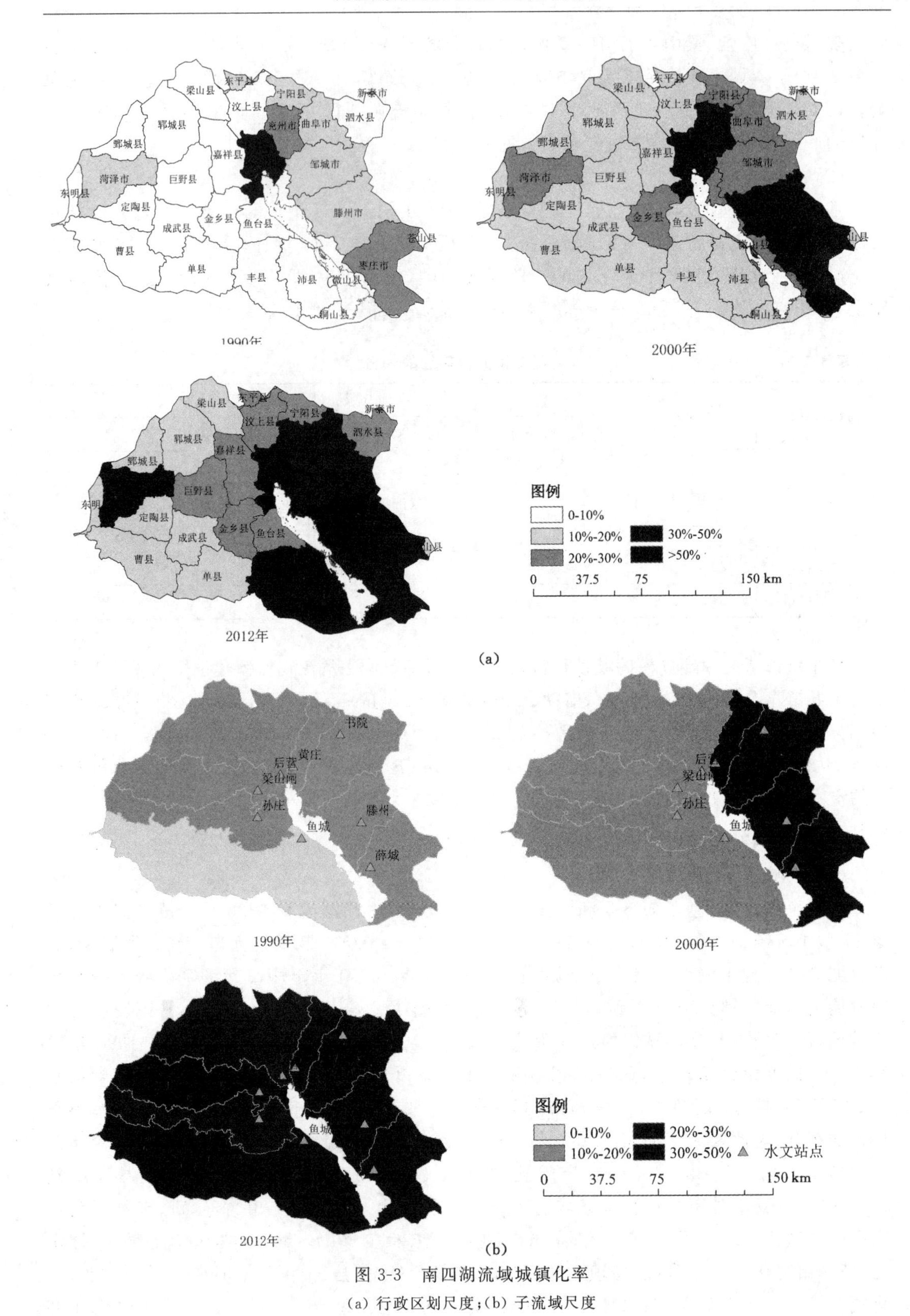

图 3-3　南四湖流域城镇化率

(a) 行政区划尺度;(b) 子流域尺度

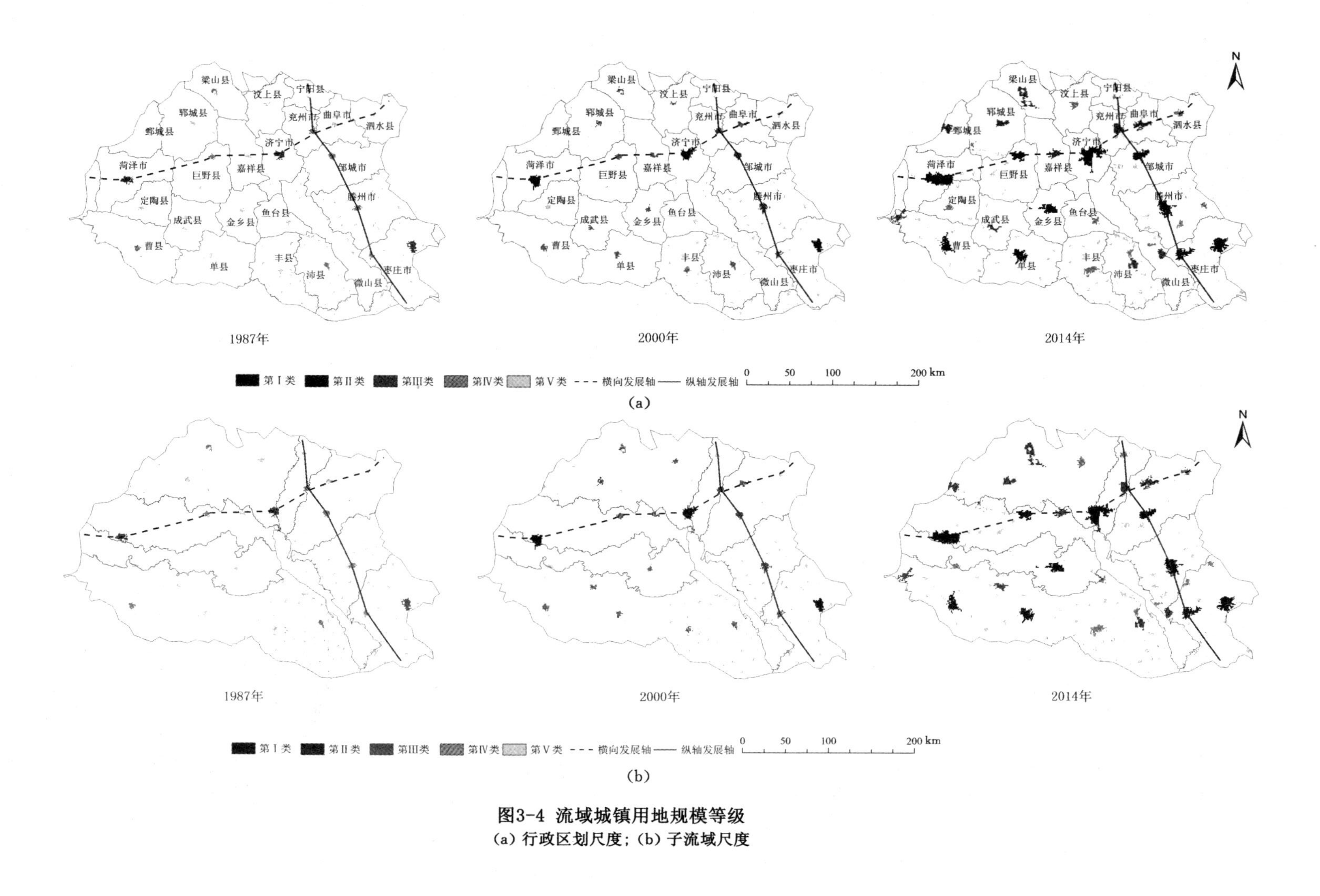

图3-4 流域城镇用地规模等级

(a)行政区划尺度；(b)子流域尺度

在 20%～30%；与 2000 年相比，城镇化率在 10%～20%的市县数目减少。

8 个子流域尺度：8 个子流域中城镇人口占流域总人口的比重，作为子流域的城镇化率。基于图 3-3(b)分析可知，1990 年 8 个流域除鱼城站所在的子流域城镇化率(8.15%)小于 10%，其余 7 个站点城镇化率为 10%～20%；2000 年湖西后营、梁山闸、孙庄、鱼城所在的子流域城镇化率为 10%～20%，湖东书院、滕州、薛城所在子流域城镇化率为 20%～30%，黄庄所在子流域城镇化率为 30%～50%，湖东子流域城镇化率普遍高于湖西子流域城镇化率；2012 年后营、孙庄所在子流域城镇化率为 20%～30%，其余 6 个子流域城镇化率均可达 30%～50%；三期城镇化率中均是黄庄所在的子流域较高，分别为 18.41%、32.92%、45%。

(2) 2000 年以来城镇建设用地规模扩张较快，但城镇总体空间规模较小且分散

1987、2000、2014 年城镇建设用地总面积分别为 359.80 km^2、504.71 km^2、1 483.15 km^2，1987～2000 年翻了 1.4 倍，2000～2014 的翻了 2.9 倍，后期的城镇化进程明显快于前期。

基于图 3-4(a)和图 3-4(b)分析可知：1987 年，全流域内没有第Ⅰ、Ⅱ类城镇建设用地类型；2000 年，全流域内没有Ⅰ类城镇建设用地类型，在 1987 年和 2000 年不存在大面积城镇建设用地，城镇建设用地较分散，规模较小。

行政范围尺度：城镇化较快，且面积较大的城镇主要分布在枣庄市、滕州市、济宁市、菏泽市和单县(第Ⅰ类)，这与基于人口规模的城镇化分析是一致的，其中济宁市、菏泽市和枣庄市都是从 1987 年第Ⅲ类城镇建设用地、2000 年第Ⅱ类城镇建设用地发展而来的。1987～2014 年期间，第Ⅰ～Ⅴ类城镇建设用地数目在增加，同时每种用地类型的规模也在扩大。另外城镇化发展在沿两条轴线在进行，横向是菏泽市—巨野县—嘉祥市—兖州市—曲阜市—泗水县，纵向是宁阳县—兖州市—邹城市—滕州市—枣庄市。

8 个子流域尺度：① 鱼城水文站点所在的子流域在 1987、2000 年仅存在第Ⅳ、Ⅴ类城镇建设用地，在 2014 年第Ⅰ～Ⅴ类城镇建设用地数目在增加，同时每种用地类型的规模也在扩大。② 孙庄所在的子流域 1987 年仅存在第Ⅴ类城镇建设用地，2000 年该类型发展成为第Ⅳ类城镇建设用地，到 2014 年发展成为第Ⅱ类城镇建设用地，且新增加了较多的第Ⅳ类城镇建设用地。③ 梁山闸所在的子流域 1987 年时的第Ⅲ、Ⅳ类城镇建设用地到 2014 年逐渐被第Ⅰ～Ⅴ类城镇建设用地所取代。④ 后营所控制的子流域到 2014 年以第Ⅲ、Ⅳ类城镇建设用地为主。⑤ 黄庄水文站点所在的子流域，2014 年时济宁城镇化面积占据面积最大。⑥ 书院所在子流域存在三个主要行政区划，分别是泗水县、曲阜市和邹城市，在 2014 年分别处于第Ⅳ、Ⅲ、Ⅱ类城镇建设用地。⑦ 滕州所在子流域滕州市是最大的城镇，2014 年发展成为第Ⅰ类城镇建设用地。⑧ 2014 年薛城所在子流域内城镇类型以第Ⅰ、Ⅱ类城镇建设用地为主。

空间结构上，流域城镇建设用地总体规模较小，且比较分散，主要表现为围绕现有大、中城市空间的集聚式增长。

3.3 城镇化进程中的下垫面变化

3.3.1 下垫面特征的遥感信息提取

(1) 数据源的选取

用于城镇规模和土地利用变化分析的原始遥感影像数据来源于中国科学院计算机网络

信息中心国际科学数据镜像网站(http://www.gscloud.cn)。基于城镇化发展特征和遥感资料的可获取性,选取1987年、2000年、2014年三个时期的Landsat TM/EMT+影像,共15景,其中Landsat 4～5 TM 10景,1987、2000年各5景,2014年5景Landsat 8 OLI,影像的空间分辨率均为30 m。

(2) 下垫面特征的提取

借助遥感影像专业软件(ENVI)对遥感影像进行解译分析。首先对15景遥感影像进行辐射校正、几何校正、直方图匹配、图像拼接和裁切及图像滤波和增强等一系列预处理工作(何春阳等,2001)。然后利用多种遥感影像解译处理方法,结合实际地物类型,以最大似然分类法为主,以神经网络、机器学习等为辅,建立相对应的地物数据库,进行影像的解译分析。

流域3个时期的土地利用/覆被类型及其空间分布见表3-6和图3-5。

表3-6　南四湖流域土地利用类型面积及比例

	1987年		2000年		2014年	
	面积/km^2	比例/%	面积/km^2	比例/%	面积/km^2	比例/%
旱　地	18 861.25	69.54	18 529.07	68.31	17 824.69	65.72
水　田	1 697.07	6.26	1 658.49	6.11	1 648.67	6.08
林　地	669.47	2.47	668.04	2.46	429.59	1.58
草　地	1 385.69	5.11	1 384.11	5.10	1 034.51	3.81
水　域	487.00	1.80	541.30	2.00	687.16	2.53
城镇用地	357.84	1.32	502.89	1.85	1 478.41	5.45
农村居民点	3 466.09	12.78	3 677.27	13.56	3 713.02	13.69
其他建设用地	42.05	0.16	49.10	0.18	242.64	0.89
未利用地	157.59	0.58	113.79	0.42	65.37	0.24
南四湖流域总面积/km^2	27 124.05					

土地利用类型/覆被分类系统参考中国土地资源分类系统,根据研究区的特点和研究目的将其合并归整为水田、旱地、林地、草地、水域、城镇建设用地、农村居民点、其他建设用地和未利用地共9类。结合实际考察数据、地形图对三个时期的分类结果进行精度验证评价,1987、2000、2014年3期影像精度分别为84.9%、87.6%、88.2%;Kappa系数分别为0.80、0.85、0.87。从分类结果可以看出,城镇建设用地与其他地物类型具有较高的分类精度,水系与水田、林地和草地存在着一定的混淆。遥感影像空间分辨率、所采用的分类系统以及所采用的算法和步骤等都有可能导致出现这种分类误差,但总体评价Kappa系数达到0.80以上,其精度满足土地利用遥感监测的要求。

3.3.2　土地利用结构及变化特征

(1) 土地利用结构以耕地和建设用地为主

南四湖流域归到研究范围内的总土地面积约2.7万km^2,土地利用类型以耕地和建设用地两大类为主,1987年、2000年、2014年三个时期其占总面积的比例分别为90%、91%和

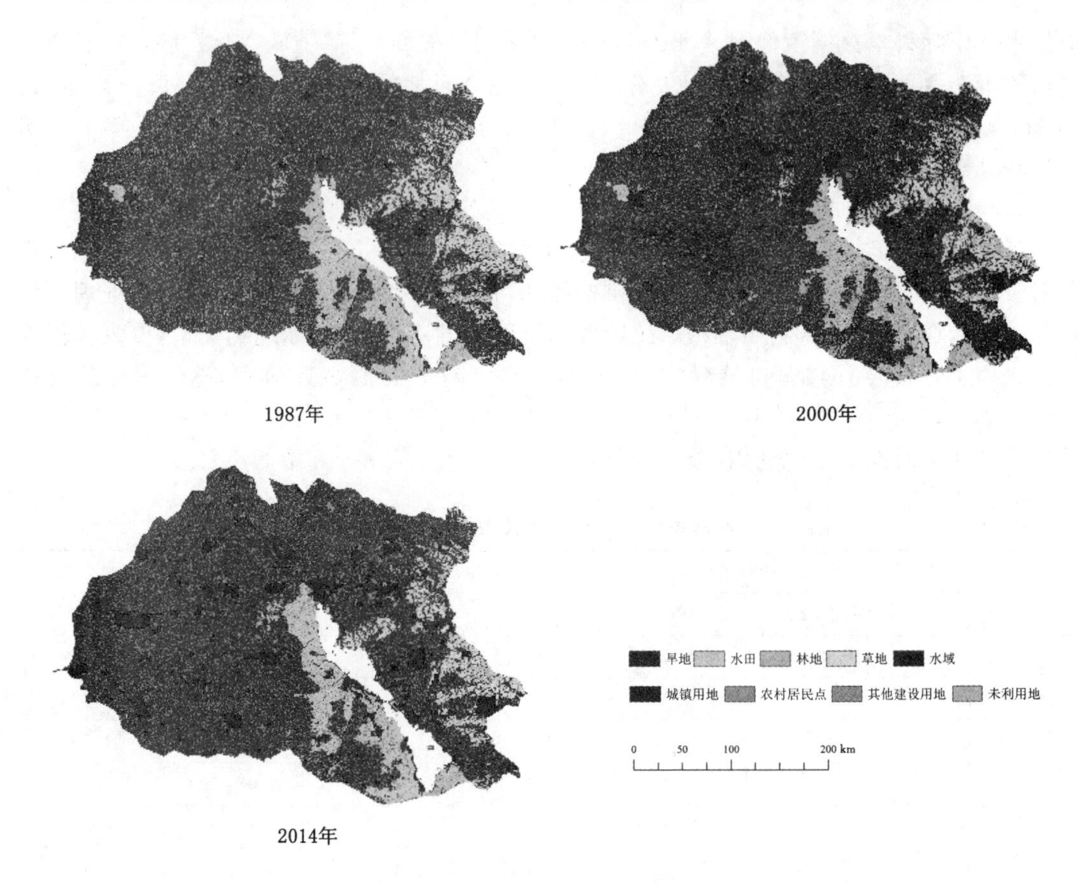

图 3-5　南四湖流域土地利用变化图

94%。耕地广泛分布于流域的山前平原和黄泛平原上，3 个时期的耕地总量分别为 20 558 km^2、20 188 km^2、19 473 km^2，占比分别为 76%、74%和 72%。耕地中旱地占绝大部分，占耕地总量均为 90%以上；水田占耕地比重约 10%，主要分布于南四湖湖西的沿湖地区。建设用地主要为城市用地和农村居民用地，城市用地相对集聚，农村居民点分布比较零散，3 个时期总量分别为 3 866 km^2、4 229 km^2、5 434 km^2，占比分别为 14%、16%和 20%。

草地和林地主要分布于湖东的低山丘陵区，1987 年和 2000 年占总面积的比例均为 7.5%，2014 年减少到 5.4%。水域主要包括流域稳定的河流和湖泊，此外，受降水量多少的影响，湖滨地带的土地利用类型经常会在水域、未利用的裸地荒地以及水田之间转换，因此 3 个时期的水域面积受滨湖地带土地利用类型的影响而有所变化。2014 年的降水量多于 1987 年，遥感影像中所提取的水域面积也大于 1987 年。

(2) 城镇化导致的建设用地增长成为土地利用变化的主要驱动力

1990 年流域城镇人口占总人口的比例为 12%，2012 达到 32%。城镇人口的快速集聚和经济发展促进了建设用地的扩张。1987～2014 年的近 30 年时间，建设用地扩张面积占流域面积的 5.8%。期间，1987 年到 2000 年增加了 1.3%，处于城镇发展的起步阶段。2000 年到 2014 年增加了近 4.5%，处于城镇发展的加速阶段。农村居民点在建设用地中占着主体地位，但近 30 年来只增加约 1 个百分点；相比较之下城镇用地 30 年间发展迅速，增加了 4 个百分点、1 120.57 km^2的面积。城镇用地的主要扩展发生在人口规模大于 20 万以上的城市，县城以下的建制镇以及农村居民点的城镇化过程比较缓慢。

(3) 土地利用的空间变化及其转化类型

基于三期土地利用类型图，分析耕地、林地、草地、城镇建设用地、农村居民点等主要用地类型的空间变化及其转化类型。

耕地是整个南四湖流域面积最大、分布最广泛的用地类型，同时也是减少最为迅速的用地类型。3个时期的耕地空间分布见图3-6(a)所示，空间变化特征为：湖西子流域耕地变化速度要快于湖东子流域，29个主要城市的市区和县城所在地的耕地减少较快。如湖西洙赵新河子流域的菏泽市区和嘉祥县、梁济运河子流域的济宁市(市区)和梁山县、复兴河子流域的丰县、丰沛河流域的沛县、万福河子流域的金乡县(县城)耕地减少迅速，湖东洸府河子流域的兖州市、白马河子流域的邹城市、城河子流域的滕州市和蟠龙河子流域的枣庄市(市区)耕地变化均显著。

耕地包括水田和旱地。旱地作为南四湖流域主要的用地类型，在1987～2014减少了1 036.80 km^2(表3-7)。1987～2000年间，减少的面积主要转化为城镇用地和农村居民点，面积分别为110.42 km^2和207.12 km^2。2000～2014年，城镇化进入加速阶段，旱地面积变化更为显著，旱地转换为城镇用地、农村居民点和其他建设用地的面积分别为654.83 km^2、840.14 km^2和182.39 km^2。转入旱地的用地类型以林地、草地和农村居民点为主，一方面是旱地向林草地的继续开垦，另一方面是采煤塌陷区的建设用地进行复垦而致。水田面积略有减少，总体变化不大，减少的去向为旱地、水域和建设用地。

表3-7　　南四湖流域1987～2014年土地利用转移矩阵　　单位：km^2

	旱地	水田	林地	草地	水域	城镇用地	农村居民点	其他建设用地	未利用地	1987年总计
旱地	16 596.29	196.07	4.68	20.56	137.87	781.13	952.67	187.13	3.57	18 879.97
水田	106.05	1 351.25	0.00	0.00	73.83	86.76	71.74	7.45	0.00	1 697.10
林地	205.60	4.10	423.42	2.99	4.68	11.49	15.77	2.08	0.17	670.28
草地	250.56	52.59	0.75	1 004.77	13.40	18.74	33.84	10.90	2.20	1 387.74
水域	34.06	11.10	0.00	0.33	425.06	6.44	5.83	4.58	0.40	487.80
城镇用地	4.19	0.20	0.14	0.05	0.46	332.07	21.28	0.03	0.05	358.48
农村居民点	593.77	21.98	0.93	3.08	6.24	222.98	2 607.51	11.22	1.47	3 469.18
其他建设用地	8.53	0.95	0.00	0.09	0.52	13.16	5.10	13.80	0.00	42.15
未利用地	44.12	10.44	0.18	4.24	26.08	6.53	2.88	5.64	57.67	157.78
2014年总计	17 843.17	1 648.68	430.10	1 036.10	688.15	1 479.29	3 716.64	242.84	65.52	27 124.05

林地作为含蓄水源、调节洪水的用地类型，在南四湖流域主要存在于东部山区、西部少数丘陵区和南部丰县、铜山区内，如图3-6(b)所示。1987～2014年期间，林地面积呈减少趋势，共减少240.18 km^2，主要转化为旱地(205.6 km^2)和建设用地(29.3 km^2)。1987～2000年间林地面积和空间位置变化微弱，只在西北部万福河、洙赵新河、梁济运河流域零散分布的林地略有减少；2000～2014年间林地减少了238.45 km^2，原本零散分布在西北部林地所剩无几，集中在南部丰沛河流域的丰县大片林地只剩下零散的一些，铜山区内的林地减少趋

势不是很显著，湖东泗水、城河、新薛河流域东部山地区林地有向东部边缘聚拢减少的趋势。

草地主要分布于湖东的山丘区，特别是泗河流域泗水县东部、白马河流域南部的邹城市、城河流域滕州市东部、新薛河和蟠龙河流域枣庄市东部分布最为明显，这些地方也是近30年间草地退化最严重地区，如图3-6(c)所示。湖西各流域零星分布的草地中，嘉祥县和沛县内的大块草地面积减少趋势明显。1987～2014年草地减少351.64 km^2，减少的面积主要转化为耕地和建设用地。

建设用地类型包括城镇用地、农村居民点和其他建设用地，近30年来的增加量分别为1 120.82 km^2、247.46 km^2和200.68 km^2。

城镇建设用地在流域内西北部和东南部呈两种不同的分布状态，西北部除了较多集中分布的城镇建设用地斑块外，零星分布的城镇建设用地斑块较少，而东南部较小的城镇用地斑块所占比例较大，如图3-6(d)所示。在1987～2000年间变化率不足0.5个百分点，东南部面积较大的斑块有蔓延扩张的趋势；2000～2014年城镇建设用地面积迅速增加，增加了3.6个百分点，原有集中分布的大斑块区域均以不规则外扩的方式大幅度向外蔓延。湖西的中心建设区之间增加了很多较小的斑块，湖东原来离散分布的较小斑块面积也有所增大并与集中分布的大斑块逐渐连接成片。转入城镇建设用地的土地类型以旱地(781 km^2)和农村居民点(223 km^2)为主。

农村居民点在整个流域内分布广泛，受地形的影响，其空间分布上湖西密度大于湖东密度。1987～2014年农村居民点减少247.4 km^2，变化率不足1个百分点，如图3-6(e)所示。

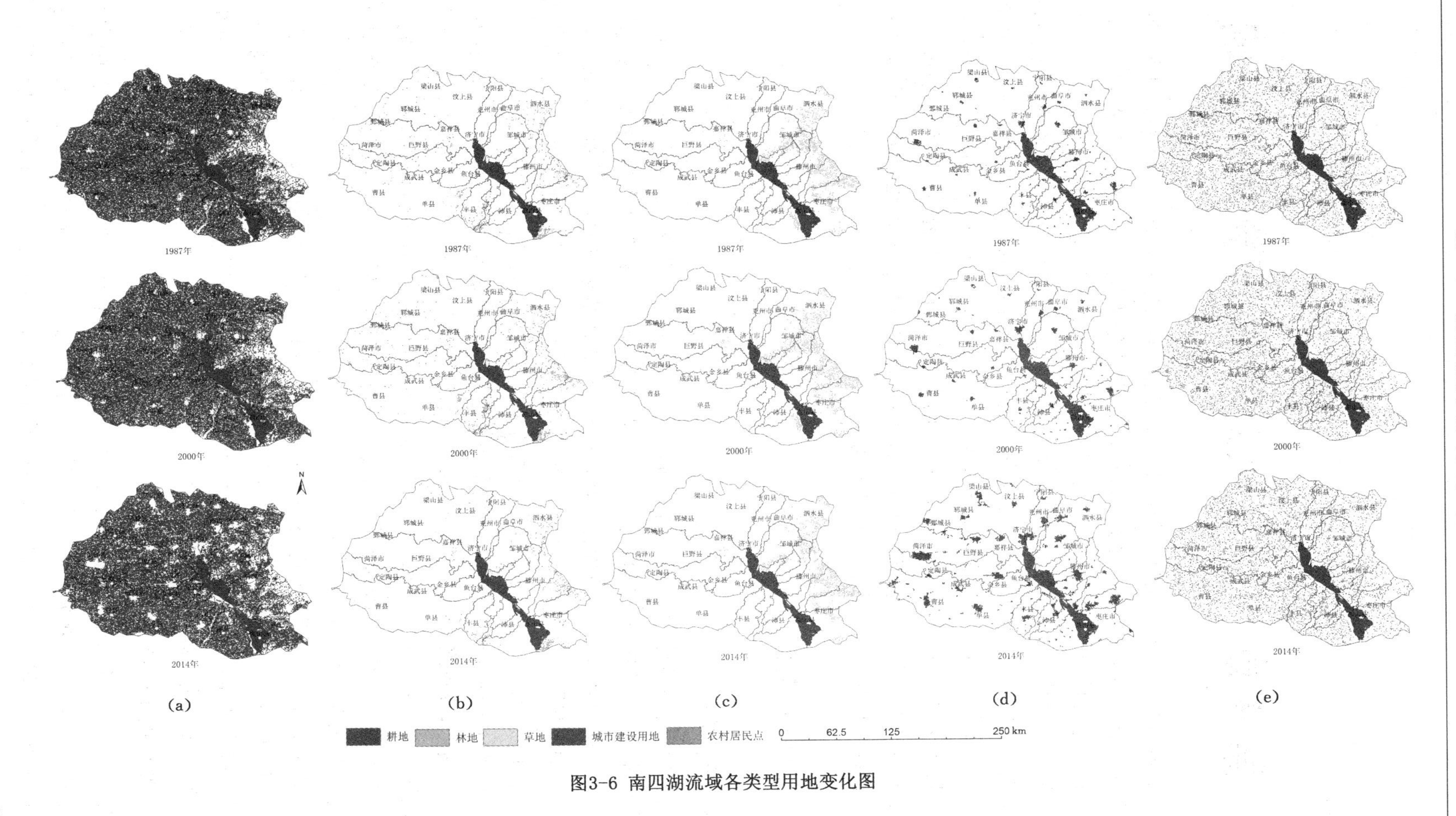

图3-6 南四湖流域各类型用地变化图

第 4 章　城市化对水循环要素的影响

虽然城市化对流域水文过程的影响是公认的，但由于各流域的地域特征不同、城市化发展的程度以及空间格局不同，对水文过程影响的程度也不同。目前的研究多集中于单个城市或者长三角等城市密集和高速发展地域，而像南四湖流域这样处于发展的“低谷区”且经历着中低速城市化的地区，城市化的水文响应过程是如何的？因此，选择该区域进行城市化的水文效应研究，对于丰富和发展城市化水文效应的研究具有一定的理论和实践意义。

本章主要探讨南四湖流域城市化发展对降水、径流、蒸发和河网水系的影响，利用该地区长系列气候、水文数据，结合不同时期、不同水系单元的城市化及人类活动特征，分析城市化对主要水文循环要素和水循环通道的影响，以期为该地区城市化健康发展、防洪减灾、水资源可持续利用与保护等提供支持和参考。

4.1　城市化对降水的影响

4.1.1　站点选择

流域内可获取到长期雨量数据的站点有 15 个，包括波罗树、二级湖闸、丰县闸、岩马水库、梁山闸、后营、黄庄、韩庄闸、马楼、沛城闸、书院、孙庄、滕州、魏楼闸、薛城。对这 15 个站点 1961～2011 年的降水资料进行线性回归分析，分析结果表明：南四湖流域各区域的降水具有明显的年代际变化规律，且趋势转折过程基本相似。这说明在大尺度气候环流系统作用的背景下，气象因素对南四湖流域降水的影响是基本一致的。

为减少计算的重复以及和径流数据相比较，在 15 个站点中选择有代表性和控制面积较大的 8 个站点，分析降水的变化过程，包括：湖西的鱼城站、孙庄站、梁山闸站、后营站；湖东的黄庄站、书院站、滕州站、薛城站，湖东、湖西各 4 个站点。其中滕州站一直处于城区，其他七个站点大多经历着下垫面的变化，尤其是黄庄站、书院站随着下垫面的变化自 1987 年到 2014 年逐步由非城区向城区过渡。

采用五年滑动平均值（张建云等，2007）、Mann-Kendall 值（谭方颖等，2010；裴金萍等，2013；K. H. Hamed，2008；郑泳杰等，2015；王文圣等，2008）、增雨系数 K、变差系数等来计算分析城市化进程对降水的长序列趋势变化，并对同期城郊降水的差异进行对比分析，以期讨论该流域城市化发展对降水的影响。

4.1.2　降水的年际变化

对各站点逐年降水数据做五年滑动平均曲线和多年变化的 M—K 秩序相关检验分析，结果见图 4-1、表 4-1。降水年际变化的特点为：① 各站点降水量呈现较为一致的年际波动，20 世纪 60 年代～80 年代中后期处于波段下降趋势，80 年代后期～21 世纪初期处于波动增加趋势，2003年之后又趋于下降。② 各站点的多年变化趋势表现出一定的差异。多年变化的线性系数中，滕州、梁山、后营的线性系数为负值，表明多年降水呈现下降趋势；其他站

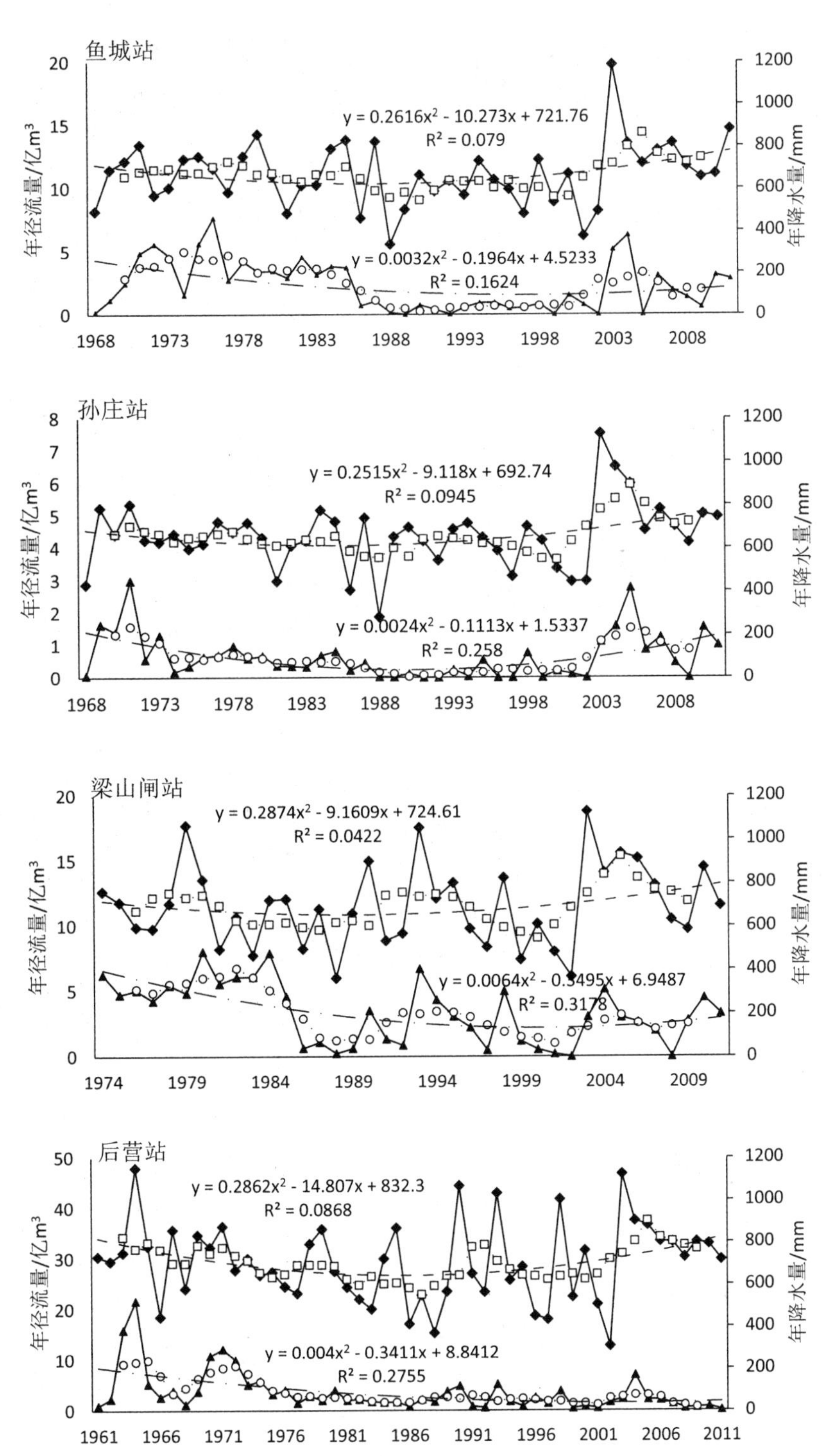

图4-1 各站点的年降水—径流变化趋势

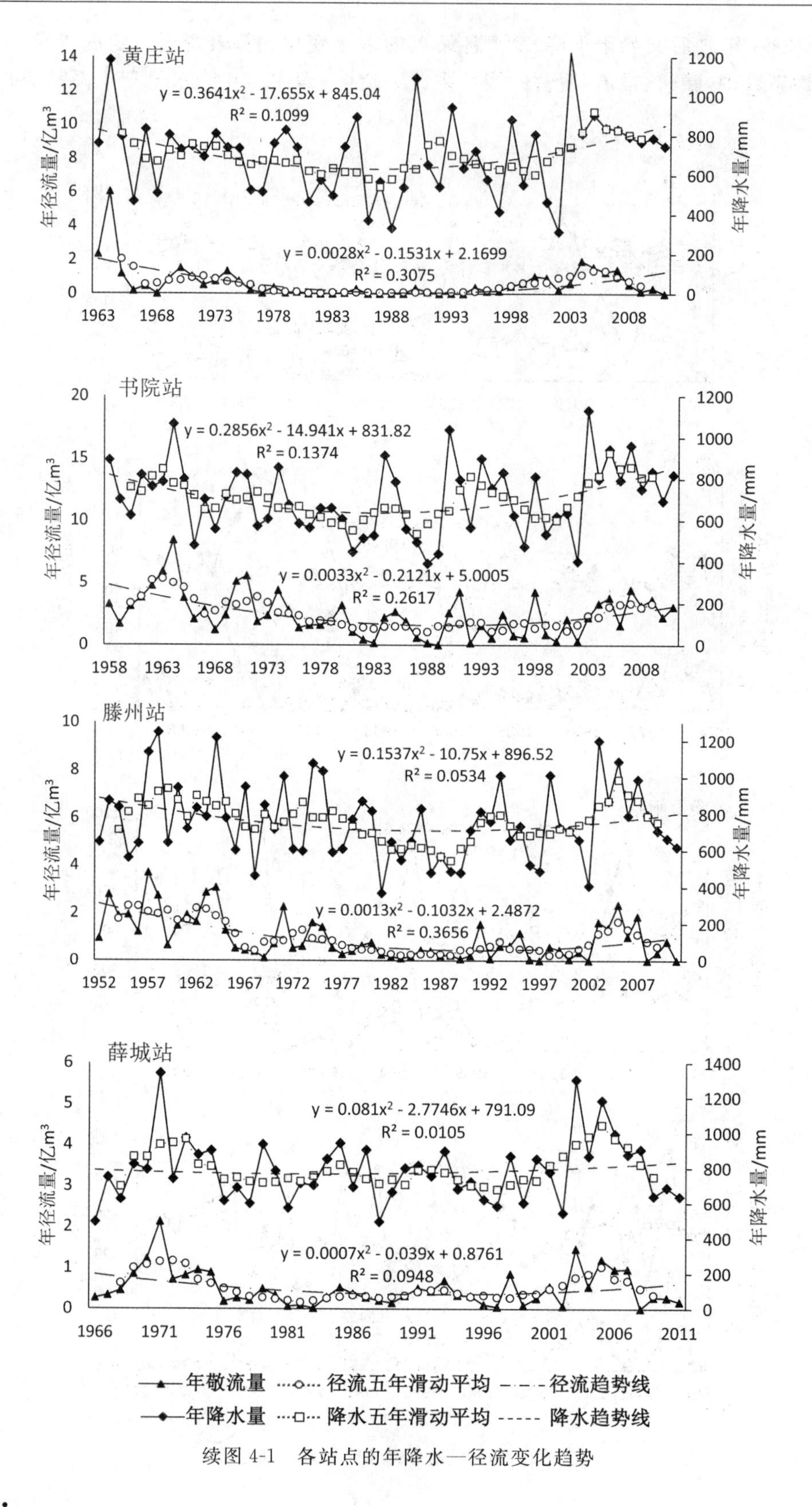

续图 4-1 各站点的年降水—径流变化趋势

点均为正值,降水呈现增加趋势。多年变化的 M—K 秩序相关检验的变化趋势中均显示变化不显著,即降水的下降或增加都不明显。③ 城区站点和郊区站点的变化特征和趋势并未表现出明显的差异,说明南四湖流域城市化进程对降水量年际变化特征和趋势影响不显著。

表 4-1　　南四湖流域各站点年降水—径流的 M－K 检验

站点	年份	降水量		河川径流量		河川径流系数	
		U	变化趋势(是否显著)	U	变化趋势(是否显著)	U	变化趋势(是否显著)
鱼城	1968～2011	0.70	增加(否)	－2.54	减少(是)	－2.16	减少(是)
孙庄	1968～2011	0.80	增加(否)	－1.36	减少(否)	－1.15	减少(否)
梁山闸	1974～2011	0.58	增加(否)	－3.11	减少(是)	－2.84	减少(是)
后营	1961～2011	－0.24	减少(否)	－4.43	减少(是)	－4.15	减少(是)
黄庄	1963～2011	0.39	增加(否)	－0.53	减少(否)	－0.48	减少(否)
书院	1958～2011	0.26	增加(否)	－2.42	减少(是)	－1.73	减少(否)
滕州	1952～2011	－0.84	减少(否)	－4.36	减少(是)	－3.90	减少(是)
薛城	1966～2011	0.34	增加(否)	－1.36	减少(否)	－1.08	减少(否)

4.1.3　降水的年内变化

流域降水的年内分配极不均匀,见图 4-2 所示。各站点 7 月降水最大,1 月降水最小;降水主要集中于 6～9 月份,占总降水量的 70%～75%,12 月～次年 2 月降水最小,占 4%～5%。各站点降水的年内分配特征基本一致,表明城市化对流域降水的年内分配特征和趋势的影响也不显著。

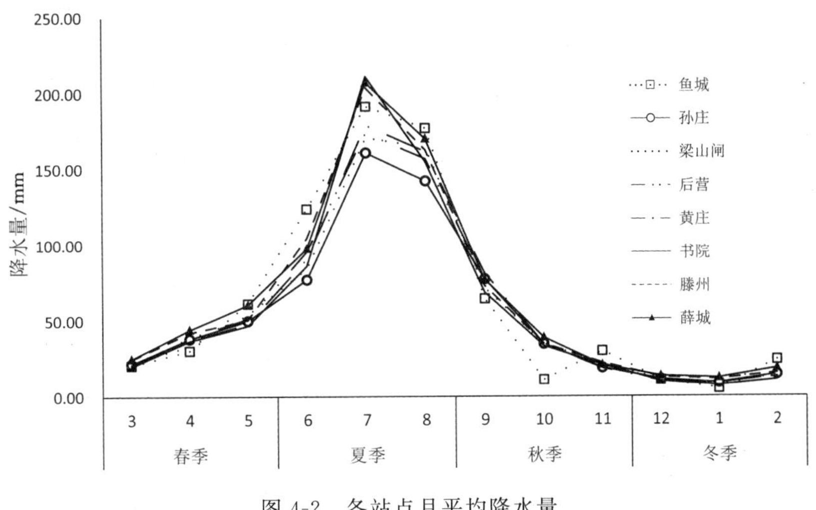

图 4-2　各站点月平均降水量

进一步分析汛期各站点降水多年的变化发现:城区站点和非城区站点的汛期降水量都有一定的上升趋势,但城区汛期降水量多数年份大于非城区的汛期降水量,多年变化趋势也如此(图 4-3)。说明城市化进程对汛期降水量的增多有一定的影响。

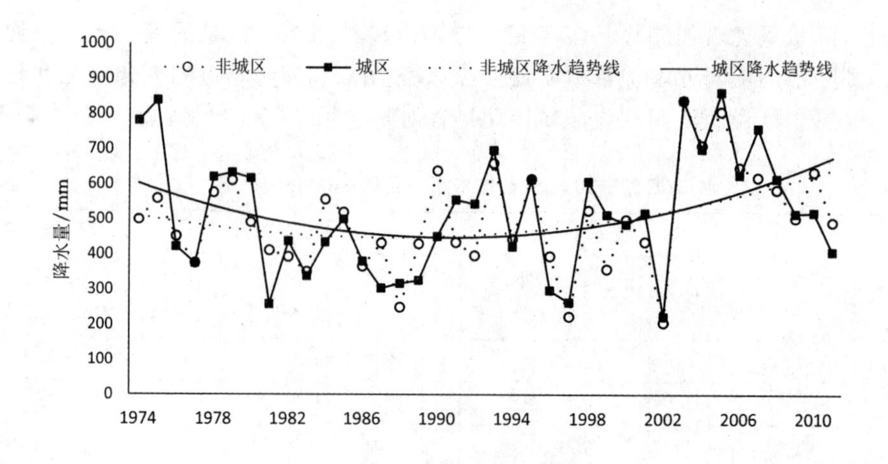

图 4-3　南四湖流域城郊汛期降水量

4.1.4　暴雨降水量的变化

8 个雨量站点中，薛城的暴雨降水量和径流量缺失，收集整理其余 7 个站点 70 年代以来 30 余次暴雨的雨量数据(表 4-2，图 4-4)，分析城市化对暴雨雨量的影响。对历次暴雨的平均雨量、前期影响雨量做 M—K 值验证，结果为 7 个站点暴雨平均雨量的多年统计量均为正值，表明暴雨雨量呈增加趋势，尤其是城区的滕州站和从非城区向城区过渡的书院站，M—K 统计量的 U 值分别为 2.38、2.48，大于临界值，表明暴雨雨量显著增加。城市化进程对城区的暴雨雨量的增加趋势有较明显的影响。

表 4-2　　**南四湖流域各站点暴雨—径流参数变化特征**

	鱼城	孙庄	梁山	后营	黄庄	书院	滕州
平均雨量/mm	84.46	84.04	93.11	95.41	90.42	83.76	92.53
统计量 U	1.75	2.16	1.48	1.19	1.39	2.48	2.38
前期雨量/mm	60.73	59.08	54.94	51.82	68.91	63.72	47.52
统计量 U	0.84	3.14	0.36	0.04	−0.51	0.46	−1.4
洪峰流量/(m^3/s)	348	87.11	379.60	191.12	161.36	585.86	197.81
统计量 U	−0.42	0.33	2.43	−1.30	−0.85	0.00	−0.71
径流深/mm	11.56	17.02	16.92	16.61	19.75	39.17	35.58
统计量 U	0.59	2.7	0.45	0.55	−2.24	1.39	1.70
径流系数	0.14	0.18	0.23	0.17	0.23	0.40	0.38
统计量 U	−0.22	2.24	−0.36	−0.36	−3.16	0.24	−0.71

4.1.5　降水的城郊差异

将滕州站作为城区的代表，其他七个站点作为非城区的代表，利用其降水差值来比较城郊年降水总量多年的变化。图 4-5 显示：① 从降水量多少与城郊降水差异的相关性来看，枯水年份城郊降水差多为负值，丰水年份城郊降水差多为正值，表明城郊降水差异受到降水量多少的影响；② 总体而言，城区降水量大于郊区，而其差异有减小趋势。非城区的站点下垫面的变化使得城郊降水差异出现减小的趋势。

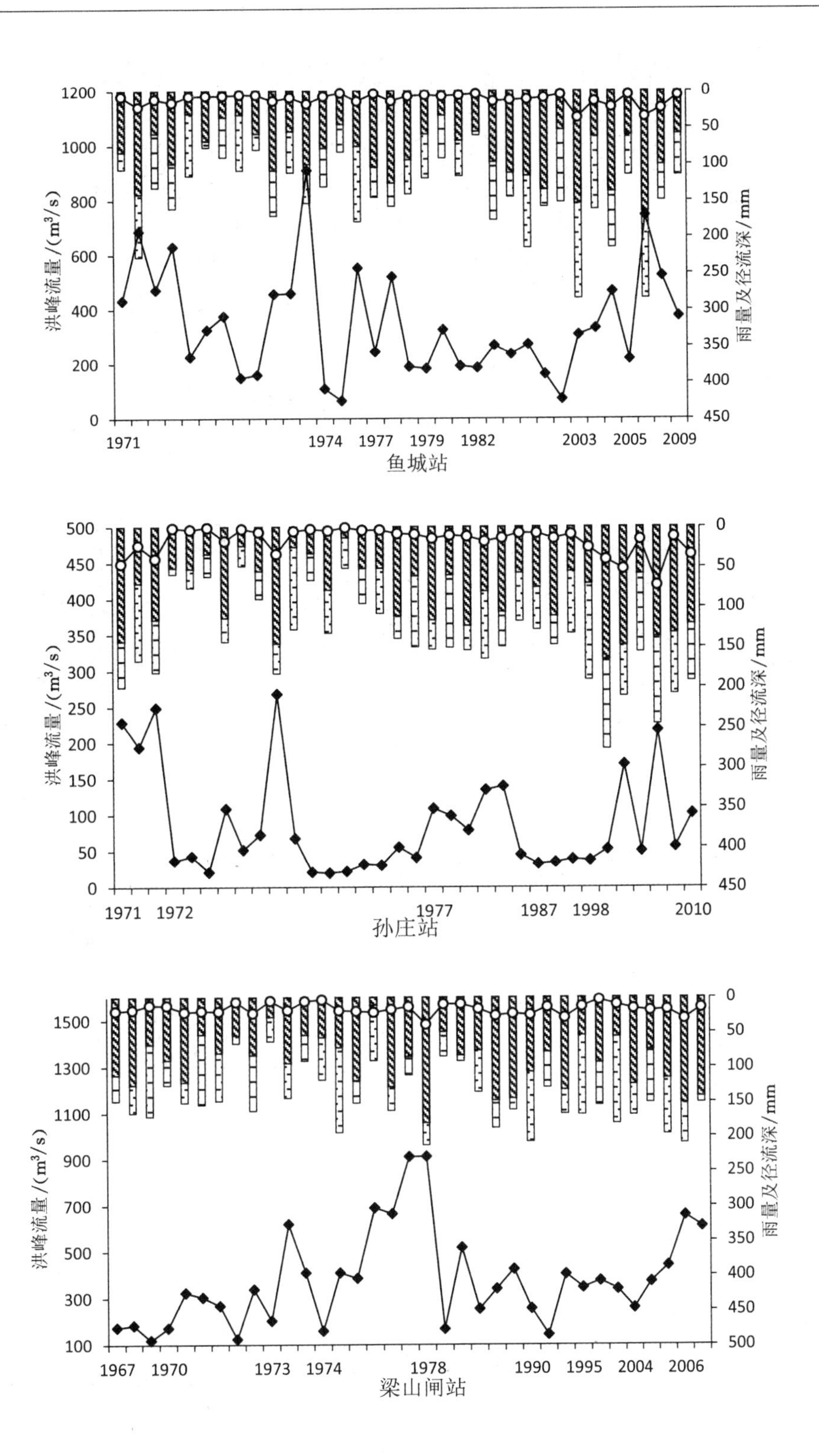

图 4-4　各站点历次暴雨降水

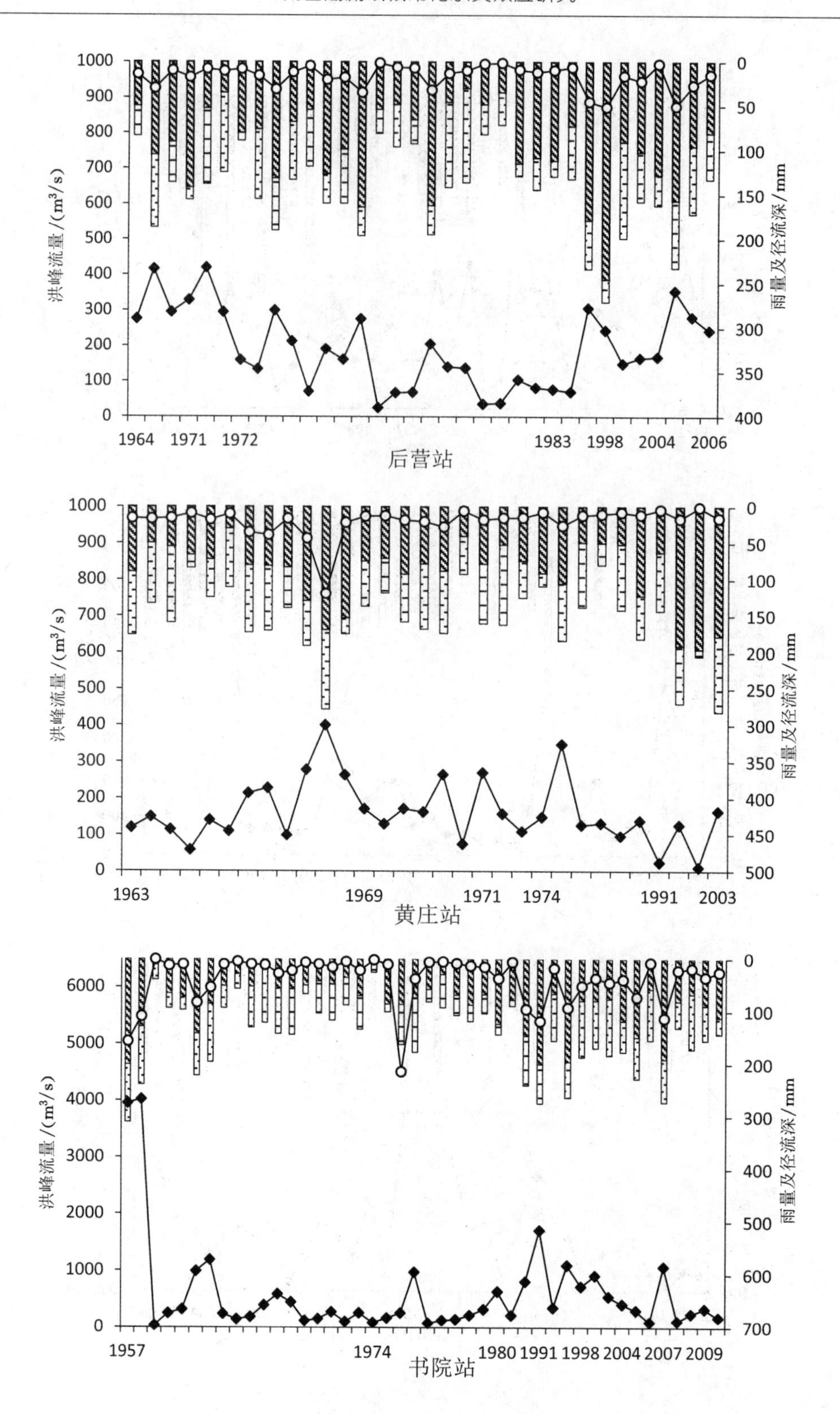

续图 4-4　各站点历次暴雨降水

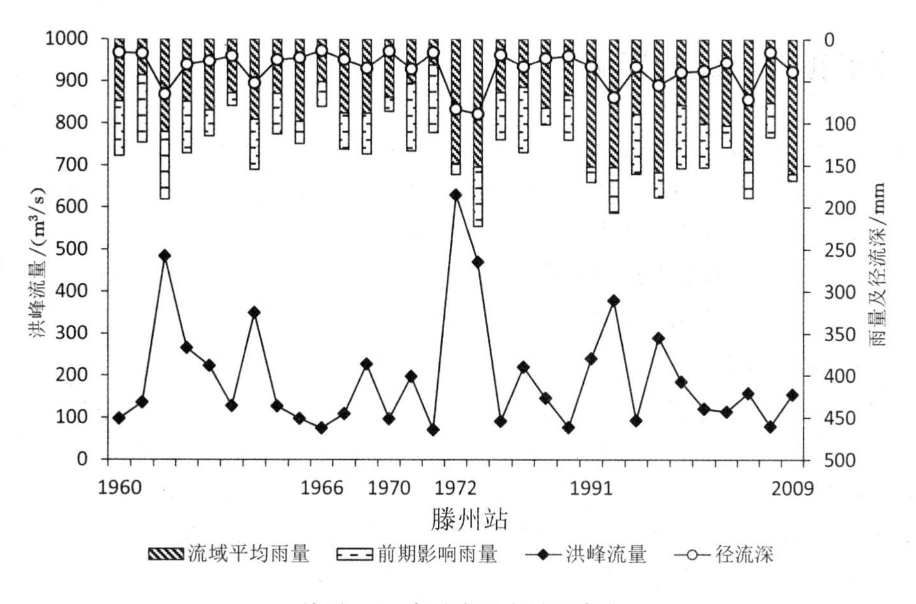

续图 4-4 各站点历次暴雨降水

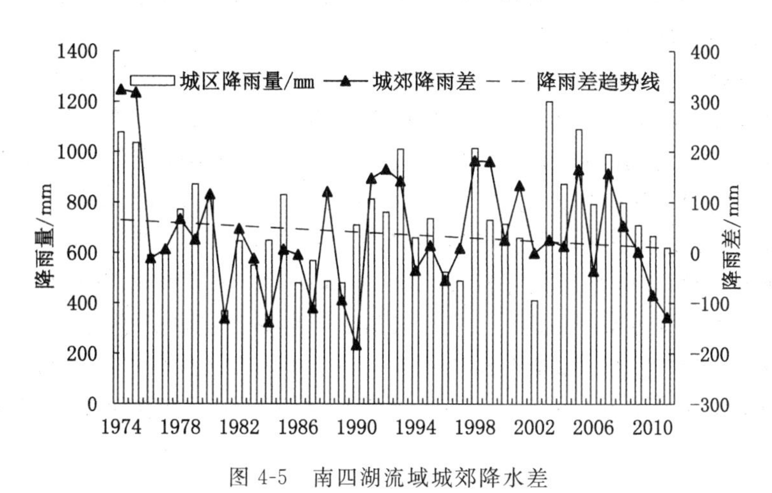

图 4-5 南四湖流域城郊降水差

用降水的变差系数 C_V 进一步分析各年代背景下城市化对城区、非城区年降水量和汛期降水的影响程度，结果见表 4-3：不同时期城区年降水量和汛期降水的变差系数均大于非城区；在城区和非城区，汛期降水量的 C_V 值普遍大于年降水量的 C_V 值。表明城市化有增加城区的年降水量和汛期降水量的趋势，对汛期降水量的影响大于年降水量。

表 4-3　南四湖流域城郊降水变差系数

	年降水量		汛期降水量	
	非城区	城区	非城区	城区
1970s	0.12	0.27	0.16	0.28
1980s	0.22	0.24	0.2	0.26
1990s	0.20	0.22	0.28	0.27
2000s	0.24	0.26	0.28	0.3

4.2 城市化对径流的影响

基于8个水文站点建站以来的日径流量数据,采用五年滑动平均值、变差系数、年际极值比、Mann－Kendall突变检验方法(马新萍等,2012;裴金萍,2013;刘登伟等,2008;刘宇峰等,2011)以及径流—降水双累积曲线(穆兴民等,2010;马新萍等,2012;凡炳文等,2008)等方法对径流的年际、年内变化,暴雨径流过程和径流的突变等过程进行分析,讨论包括城市化在内的人类活动对径流的影响过程与影响程度。

4.2.1 径流的年际变化分析

径流的年际变化特征为:① 流域8个站点的径流总体呈减少趋势。径流量中湖东的黄庄、书院和薛城3个站点减少趋势不显著,其他5个站点都为显著减少;径流系数(谢平等,2010;郝振纯等,2015)中,书院变为显著减少,其他站点与径流量变化趋势一致(表4-1)。径流变化趋势与降水量变化趋势明显不同。表明60年代以来,降水量并不是影响河川径流变化的主要原因。② 径流量的变化呈现明显的年际波动特征。径流的年际波动特征(图4-1)与降水的年际波动趋势基本一致:60年代至80年代整体为下降趋势,80年代至21世纪初期小幅波动增加,2003年后又趋于下降。

进一步用各站点径流的多年变差系数 C_V 和年际极值比(最大/最小径流量)反映流域径流的年际变化幅度。C_V 反映径流的相对变化程度,其值越大表示径流的年际丰枯变化越剧烈,而年际极值比表明径流的绝对变化量。表4-4表明:流域年径流量的年际变化幅度非常大,各站点的 C_V 值和年际极值比的排序不尽相同,径流变化受多因素的影响而异常复杂。

鱼城、梁山和黄庄3个站年径流量最小值分别为3万 m^3、13万 m^3 和42万 m^3,部分年份河道几乎断流,使得年际极值比异常大。黄庄、孙庄和后营3个站点年径流的 C_V 值大于1,其年际变化表现出强变异性,最大年径流量与多年平均径流量的值较大,分别为9.7、4.7和6.2倍,而最小年径流量与多年平均值的比分别为0.007、0.017和0.041,仅次于在枯水年近于断流的鱼城和梁山站。薛城站的 C_V 值最小,其年际丰枯变化最小。而书院站的年际极值比最小。

表4-4　各站点河川径流年际变化特征值

站名	多年平均流量/(m^3/s)	变差系数	最大年径流量			最小年径流量			年际极值比
			年份	径流量	与多年均值比	年份	径流量	与多年均值比	
鱼城	2.3	0.9	1976	7.6	3.4	1989	0.000 3	0.000 1	25 496.7
孙庄	0.6	1.1	1971	3	4.7	1989	0.010 7	0.016 9	279.3
梁山	3.3	0.7	1980	8	2.4	2002	0.001 3	0.000 4	6 169.2
后营	3.5	1.2	1964	21.7	6.2	2011	0.143 3	0.040 8	151.5
黄庄	0.6	1.6	1964	6.1	9.7	1993	0.004 2	0.006 7	1 440.7
书院	2.4	0.7	1964	8.4	3.4	1983	0.151	0.061 6	55.8
滕州	0.9	0.9	1957	3.7	3.9	2000	0.050 2	0.053 3	73.6
薛城	0.4	0.9	1971	2.1	5.0	1983	0.019 1	0.044 7	111.1

4.2.2　径流的年内变化分析

与降水的年内分配一致，径流的年内分配也极不均匀。如图 4-6 所示，各站点 8 月径流最大，2 月径流最小，径流的最大、最小月与降水的最大、最小月相比均滞后一个月；径流主要集中于 7～10 月份，占年径流总量的 75%～90%，孙庄站甚至达到了 94%；12 月～次年 2 月径流最小，均为 10%以下，孙庄站冬季基本断流。

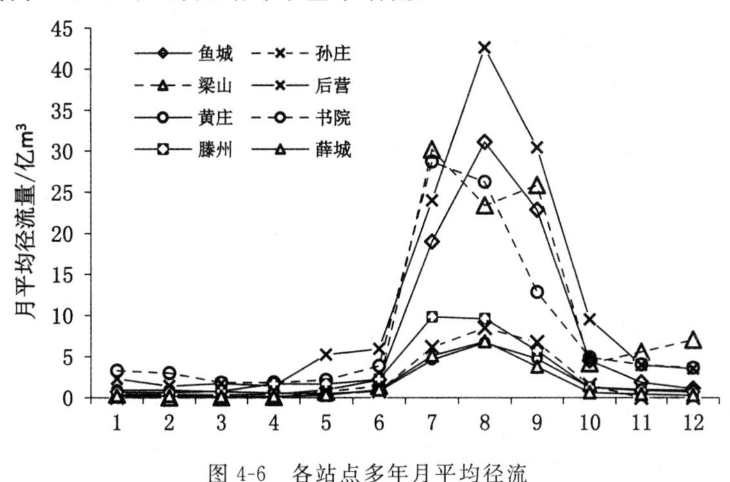

图 4-6　各站点多年月平均径流

4.2.3　暴雨径流变化

7 个站点 70 年代以来 30 余次暴雨的洪峰流量和径流深的变化趋势和 M—K 值检验特征见图 4-4 和表 4-2 所示。与暴雨雨量总体增加的变化特征不同，多数站点的洪峰流量表现出减少趋势，只有孙庄为不显著增加，梁山闸显著增加。各站点基本布局在河流的中下游，而 70 年代以来在中上游兴建的各种蓄水工程对中下游洪峰流量起到明显的控制和削减作用。

选择各站点内有效降水量大致相同的不同时代的单次暴雨过程，借助绘制各站点典型暴雨的洪水单位过程线图(图 4-7)，来进一步反映流域内暴雨径流受下垫面变化影响的情况，受资料的限制，各站点选取的单位过程线的数量不尽相同。7 个站点中，黄庄、书院、滕州 3 个站点经历了较明显的下垫面变化，后期的暴雨单位过程线普遍表现出较明显的峰现提前、洪峰变窄、汇流时间缩短的特征；其他 4 个站点受各次降水过程的影响较大，下垫面变化导致的洪水过程线变化的特征表现不明显。

4.2.4　气候与人类活动对径流影响的定量分析

20 世纪 60 年代以来流域的径流既在多年尺度上表现与降水不同的变化趋势，又在十年时间尺度的波动上表现出与降水多少的一致性，说明径流除了受降水的影响外，还受到城市化及其土地利用变化、水库建设等人类活动的影响。本节深入分析各阶段径流的变化特征，并区分气候和人类活动对径流变化的贡献量。

(1) 方法

双累积曲线法以降水量累计值为 x 坐标，径流量累积值为 y 坐标。若径流量仅受降水量变化的影响，则降水径流双累积曲线图应呈现没有转折的线性关系；若曲线发生转折，表明人类活动对径流量产生一定的影响。

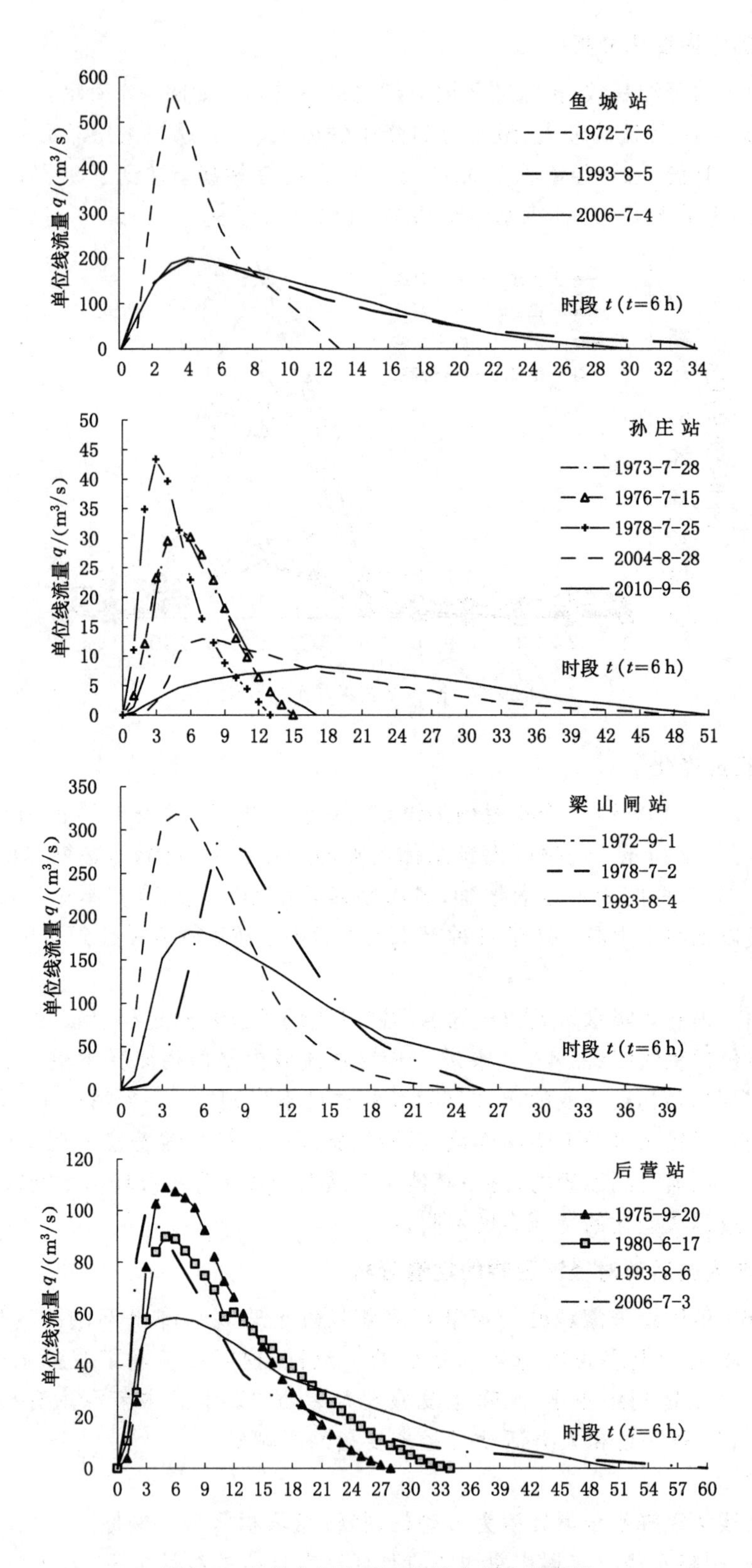

图 4-7　各站点历次暴雨的洪水单位过程线

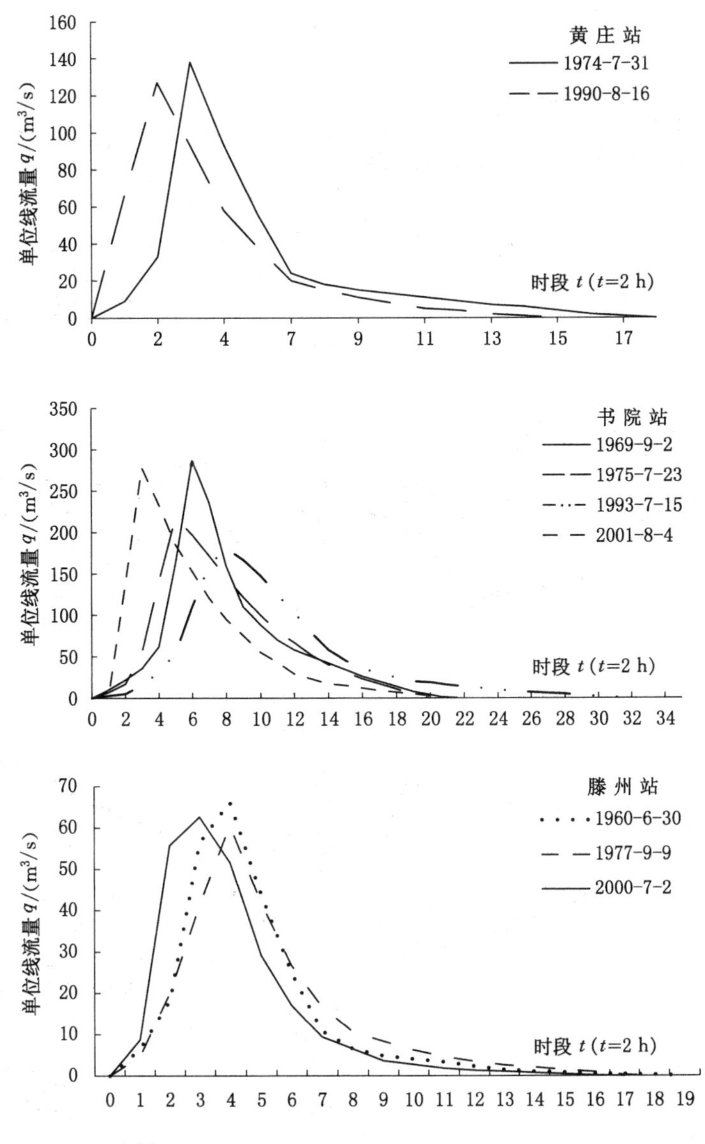

续图 4-7　各站点历次暴雨的洪水单位过程线

Mann-Kendall（魏凤英，1999）用于突变检验的方法为：对序列$\{x_1, x_2, \cdots, x_n\}$构造两个标准正态分布的统计量$UF_i$和$UB_i$绘制两条曲线的统计图表来判断突变点和突变区域。若$UF$或$UB$的值大于0，则表明时间序列呈上升趋势；小于0则表明呈下降趋势。当它们超过临界直线（给定的显著性水平）时呈明显上升或下降趋势。超过临界直线的范围确定为出现突变的时间区域。如果UF和UB两条曲线出现交点，且交点在临界直线之间，那么交点对应的时刻便是突变开始的时间。

(2) 年径流变化的阶段划分及检验

绘制8个站点的年平均径流量的M—K系数，即UF与UB曲线的长时间序列曲线和降水—径流双累积曲线，互相补充和验证所对径流变化阶段划分的准确性，结果见图4-8、图4-9所示。年径流的变化阶段在湖东和湖西流域表现出较明显的差异性。

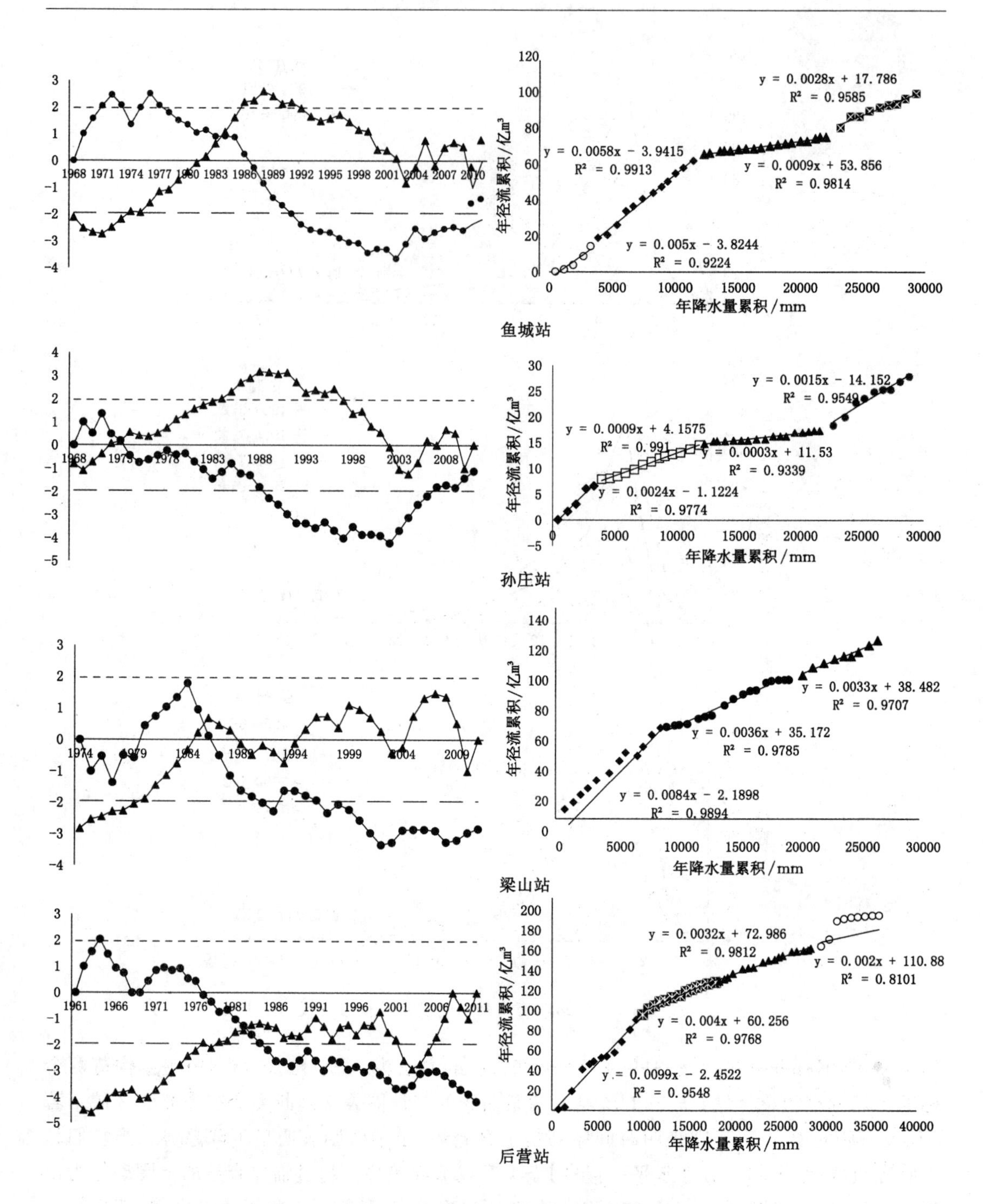

图 4-8　湖西流域各站点突变曲线

湖西流域的 4 个站点的降水—径流双累积曲线中的斜率系数呈明显的阶段性变化，与各自站点 *UF* 值的变化趋势年份以及 *UF* 和 *UB* 交汇的年份相结合分析，可将湖西流域 4 个站点的径流变化划分为 4 个阶段：1972 年以前、1973～1984 年，1985～2002 年，2003～2011 年。湖东流域 4 个站点的阶段划分为：1975 年以前、1976～1989 年、1990～2002 年、

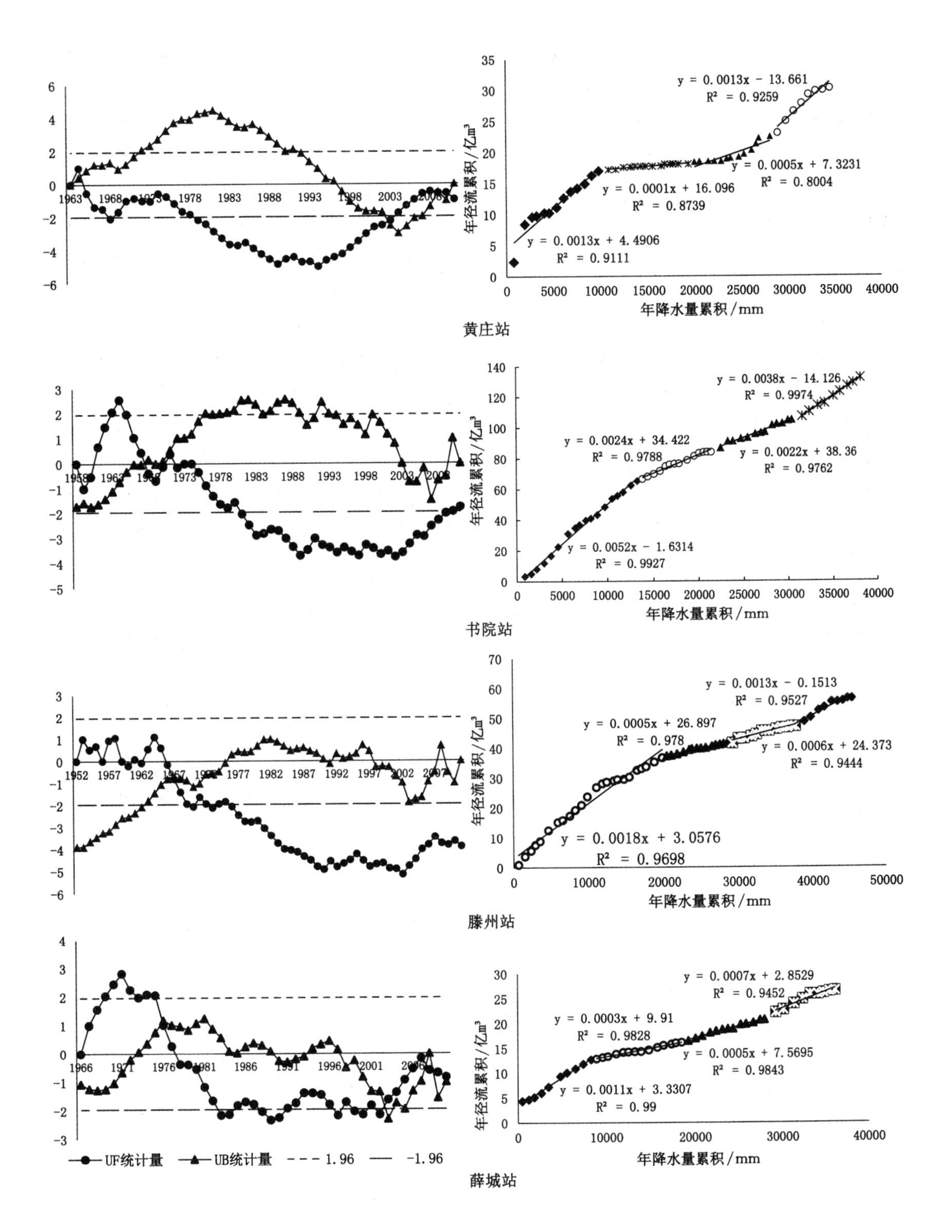

图 4-9　湖东流域各站点突变曲线

2003～2011年。

以鱼城站为例，双累积曲线中4个阶段的斜率中，第一和第二阶段变化不明显，第三与第四阶段的变化非常明显，因此，第一、二与第三阶段、第三阶段与第四阶段的变化时间节点很好区分，分别对应1985年和2002年。按照双累积曲线，1985前的径流可以归并到一个阶段，而Mann-Kendall检验曲线中可以看出，从1968年到1972年，*UF*大于0，且曲线是不断上升的；而1973年以后，*UF*依然大于0，但曲线呈波动下降趋势；直到1984年与*UB*曲线相交，交点可作为一个突变年；1985～2002年，曲线呈下降趋势；到2003年之后曲线缓慢上升。两种方法中，1984年和2002年两个转折点是一致，而经M—K补充，将双累积曲线中1985年前的径流以1972年为转折点进一步划分为两个阶段。

对湖东、湖西各站点划分出来的径流变化阶段进行M—K秩序相关检验，其统计量*U*值及变化的显著程度见表4-5、表4-6。由表4-5可知，湖西流域各站点1961～2011年，4个站点的年径流的变化均为减少趋势，孙庄站减少趋势不显著，其他站点均为显著减少。阶段变化上，1972年以前各站点年径流均为增加趋势，1972～2011大多呈减少趋势，而各站点各阶段减少的程度不同。由表4-6可知，湖东流域4个站点1961～2011年全序列下年径流均呈减少趋势，滕州的年径流变化趋势明显，统计量*U*值为－3.90。阶段变化上，黄庄站1990～2002年呈增加趋势，薛城1966～1975年呈增加趋势，除此之外，其余各站点、各阶段均为不同程度的减少趋势。

表4-5　　湖西各站点M—K秩序相关检验结果分析

站点			1972年以前	1973～1984	1985～2002	2003～2011	全序列
鱼城	降水	统计量*U*	1.22	0.21	－0.76	－1.36	0.70
		变化趋势(是否显著)	增加(否)	增加(否)	减少(否)	减少(否)	增加(否)
	径流	*U*	2.69	－0.48	－0.64	－0.94	－2.16
		变化趋势(是否显著)	增加(是)	减少(否)	减少(否)	减少(否)	减少(是)
孙庄	降水	*U*	0.73	0.48	－1.59	－2.19	0.80
		变化趋势(是否显著)	增加(否)	增加(否)	减少(否)	减少(是)	增加(否)
	径流	*U*	0.73	－0.62	－0.40	－1.15	－1.15
		变化趋势(是否显著)	增加(否)	减少(否)	减少(否)	减少(否)	减少(否)
梁山闸	降水	*U*		－0.93	－0.98	－2.19	0.58
		变化趋势(是否显著)		减少(否)	减少(否)	减少(是)	增加(否)
	径流	*U*		1.87	－1.21	－0.52	－2.84
		变化趋势(是否显著)		增加(否)	减少(否)	减少(否)	减少(是)
后营	降水	*U*	0.48	－1.17	－0.61	－3.23	－0.24
		变化趋势(是否显著)	增加(否)	减少(否)	减少(否)	减少(是)	减少(否)
	径流	*U*	1.03	－2.67	－0.68	－3.02	－4.15
		变化趋势(是否显著)	增加(否)	减少(是)	减少(否)	减少(是)	减少(是)

表 4-6　　湖东各站点 M－K 秩序相关检验结果分析

			1975 年以前	1976～1989	1990～2002	2003～2011	全序列
鱼城	降水	U	－0.79	－0.99	－2.01	－2.40	0.27
		变化趋势(是否显著)	减少(否)	减少(否)	减少(是)	减少(是)	增加(否)
	径流	U	－0.79	－2.03	2.44	－2.61	－0.68
		变化趋势(是否显著)	减少(否)	减少(是)	增加	减少(是)	减少(否)
书院	降水	U	－0.53	－1.64	－2.26	－1.56	0.26
		变化趋势(是否显著)	减少(否)	减少(否)	减少(是)	减少(否)	增加(否)
	径流	U	－0.38	－1.31	－1.04	0.00	－1.73
		变化趋势(是否显著)	减少(否)	减少(否)	减少(否)	不变	减少(否)
滕州	降水	U	0.17	－1.42	－1.77	－3.02	－0.84
		变化趋势(是否显著)	增加(否)	减少(否)	减少(否)	减少(是)	减少(否)
	径流	U	－1.86	－1.97	－1.65	－1.98	－3.90
		变化趋势(是否显著)	减少(否)	减少(是)	减少(否)	减少(是)	减少(是)
薛城	降水	U	2.15	0.33	－1.53	－2.61	0.34
		变化趋势(是否显著)	增加(是)	增加(否)	减少(否)	减少(是)	增加(否)
	径流	U	2.15	－0.11	－1.40	－2.40	－1.08
		变化趋势(是否显著)	增加(是)	减少(否)	减少(否)	减少(是)	减少(否)

(3) 气候变化与人类活动对径流影响的定量分析

以流域天然时期的实测径流量作为基准值，则人类活动影响时期实测径流量与基准值之间的差值包括两部分：其一为人类活动影响部分，其二为气候变化影响部分。人类活动和气候变化对流域径流影响的分割方法(王国庆等，2008)如下：

$$\Delta W_{T}=W_{HR}-W_{B};\Delta W_{H}=W_{HR}-W_{HN};\Delta W_{C}=W_{HN}-W_{B}$$

$$\eta_{H}=\frac{\Delta W_{H}}{\Delta W_{T}}\times 100\%;\eta_{C}=\frac{\Delta W_{C}}{\Delta W_{T}}\times 100\% \tag{4-1}$$

其中，ΔW_{T} 为径流变化总量；ΔW_{H} 为人类活动对径流的影响量；ΔW_{C} 为气候变化对径流的影响量；W_{B} 为天然时期的径流量；W_{HR} 为人类活动影响时期的实测径流量；W_{HN} 为人类活动影响时期的天然径流量；η_{H}、η_{C} 分别为人类活动和气候变化对径流影响的百分比。

近似认为流域各站点第一阶段人类活动影响微弱，利用此时段各站点实测的径流(y)和降水(x)资料建立二次拟合关系：

$$y=ax^{2}+bx+c \tag{4-2}$$

将其他时段降水量代入此方程可得到人类活动影响时期的天然径流量 W_{HN}，与实测径流量 W_{HR} 之差为气候背景下人类活动对径流影响的定量分析，模拟得到各站点气候和人类活动对径流影响的贡献率。

分别对湖西流域、湖东流域气候变化与人类活动对径流的影响进行定量分析，模拟结果见表 4-7、表 4-8。相对于人类活动比较弱的基准期，70 年代以来，各子流域的人类活动对径流深的减少产生较大的影响。湖西各子流域人类活动的贡献率为 40%～96%，气候变化的贡献率为4%～59%；湖东各子流域人类活动的贡献率为44%～86%，气候变化的贡献率为14%～56%。

进一步分析各站点各阶段气候变化与人类活动对径流影响的贡献率，可得出以下结论：① 气候变化是径流量变化的基本影响因子，降水量的丰、枯直接影响到径流量的多与少。8个站点2003～2011年的平均降水量处于丰水阶段，气候变化均导致径流深的增加。时间尺度上，后营1973～1984年、黄庄和书院站1976～1989年，降水分别比基准期减少了近113 mm、158 mm、154 mm，模拟的径流变化中气候因子的贡献率分别为60%、53%、56%，大于人类活动的影响。空间尺度上，滕州、薛城站的多年降水量大于其他6个站点，长时间序列上，这2个站点的径流变化中气候因子占的比重也最大，分别为30%、27%。② 各阶段的时间序列上，气候对径流变化的影响趋于减弱，人类活动的影响趋于加强。8个站点2003～2011年的平均降水量处于丰水阶段，大于基准期的降水量，但实测和模拟径流深均没有相应增加，表明在短时间尺度上，高强度的人类活动成为影响径流的主要因素。

表4-7　湖西流域气候和人类活动对径流深变化的贡献率

站点		降水量/mm	实测径流深/mm	模拟径流深/mm	径流变化总量/mm	人类活动贡献		气候贡献	
						mm	%	mm	%
鱼城	1972年以前	656.12	57.80	57.80					
	1973～1984	677.61	80.21	60.66	22.41	19.55	87.25	2.86	12.75
	1985～2002	591.18	15.74	49.19	−42.07	−33.45	79.52	−8.61	20.48
	2003～2011	802.00	54.51	77.61	−3.30	−23.10	700.87	19.80	−600.87
	1973～2011	666.42	44.12	59.28	−13.68	−15.16	110.77	1.47	−10.77
孙庄	1972年以前	663.50	103.28	103.28					
	1973～1984	644.08	46.10	75.91	−57.17	−29.81	52.14	−27.36	47.86
	1985～2002	583.64	15.28	59.48	−87.99	−44.20	50.23	−43.79	49.77
	2003～2011	809.93	91.39	231.55	−11.88	−140.15	1179.43	128.27	−1079.43
	1973～2011	654.46	42.33	104.24	−60.95	−61.92	101.59	0.97	−1.59
后营	1972年以前	761.87	223.96	223.96					
	1973～1984	649.33	89.21	143.62	−134.75	−54.41	40.38	−80.34	59.62
	1985～2002	631.46	57.97	177.71	−165.99	−119.74	72.14	−46.25	27.86
	2003～2011	837.91	56.25	267.42	−167.71	−211.17	125.91	43.46	−25.91
	1973～2011	684.60	67.19	187.92	−156.77	−120.74	77.01	−36.04	22.99
梁山闸	1974～1984	685.39	137.50	137.50					
	1985～2002	627.33	47.71	131.46	−89.80	−83.76	93.27	−6.04	6.73
	2003～2011	820.26	68.69	139.41	−68.81	−70.72	102.77	1.91	−2.77
	1985～2011	691.64	54.70	134.11	−82.80	−79.41	95.90	−3.39	4.10

表 4-8　　湖东流域气候和人类活动对径流深变化的贡献率

站点		降水量/mm	实测径流深/mm	模拟径流深/mm	径流变化总量/mm	人类活动贡献		气候贡献	
						mm	%	mm	%
黄庄	1975 年以前	755.21	127.02	127.02					
	1976～1989	596.81	7.56	64.28	−119.46	−56.71	47.48	−62.74	52.52
	1990～2002	662.16	32.67	105.60	−94.35	−72.93	77.30	−21.42	22.70
	2003～2011	857.22	84.56	190.36	−42.46	−105.79	249.19	63.34	−149.19
	1976～2011	685.51	35.88	110.72	−91.14	−74.84	82.11	−16.30	17.89
书院	1975 年以前	736.79	155.02	155.02					
	1976～1989	582.78	57.47	100.60	−97.55	−43.13	44.21	−54.42	55.79
	1990～2002	691.55	68.23	142.82	−86.79	−74.59	85.94	−12.20	14.06
	2003～2011	859	130.58	214.88	−24.44	−84.30	344.92	59.86	−244.92
	1976～2011	691.11	79.64	144.42	−75.39	−64.78	85.93	−10.60	14.07
滕州	1975 年以前	824.05	249.48	249.48					
	1976～1989	623.07	54.57	166.60	−194.91	−112.04	57.48	−82.87	42.52
	1990～2002	709.68	71.90	198.06	−177.58	−126.16	71.05	−51.41	28.95
	2003～2011	859.51	169.72	262.05	−79.75	−92.33	115.77	12.58	−15.77
	1965～2011	757.70	153.56	220.89	−95.92	−67.33	70.19	−28.59	29.81
薛城	1975 年以前	830.94	331.35	331.35					
	1976～1989	726.04	95.79	247.59	−235.57	−151.81	64.44	−83.76	35.56
	1990～2002	732.95	134.21	249.38	−197.15	−115.17	58.42	−81.98	41.58
	2003～2011	900.41	249.63	384.91	−81.73	−135.28	165.54	53.56	−65.54
	1976～2011	772.13	148.12	282.57	−183.23	−134.45	73.37	−48.79	26.63

4.3　城市化对蒸发的影响

蒸发数据来源于中国气象科学数据共享服务网(http://cdc.cma.gov.cn),流域内能够获取到徐州、定陶和兖州三个站点 1961～2013 年的日蒸发数据,其中徐州、定陶处于城区,兖州位于城区边界,属于非城区。数据处理过程为:对提取的小型蒸发日数据进行计算统计得出月蒸发量数据、年蒸发量数据,缺失的小型蒸发量数据根据大型蒸发量数据进行折算得出(盛琼等,2007;任芝花等,2002;刘红霞等,2012)。

4.3.1　蒸发的年内变化

三个气象站多年月平均蒸发量的分配比例及变化的统计值 U 见图 4-10 所示,分析可得出的结论为:① 流域蒸发量的年内分配差异较大。月分配比例中,6 月份蒸发量最大,1 月最小;3～10 月蒸发量约占全年的 85%,11～次年 2 月占 15%;四季分配依次为夏、春、秋、冬,占比分别为 37%、32%、20%、10%。② 1961 年以来,流域多年月平均蒸发量呈现减少趋势。三个站点基于 M－K 秩序相关检验的统计量 U 值均为负值，其中，徐州站点 1～2 月、4 月、9～10 月未达到检验显著水平，其他月份变化趋势显著，六月份 U 值高达－3.03，减少趋势最明显；兖州各月都呈显著减少趋势；定陶 12～1 月、6～8 月减少趋势显著，高值达－3.53，其他月份减少不明显。

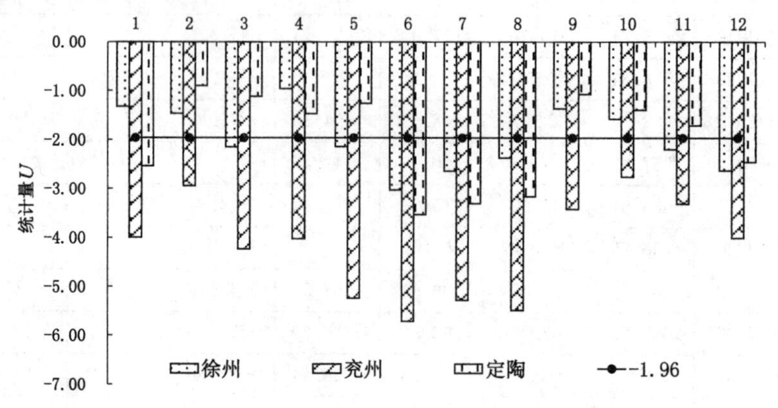

图 4-10　三个站点多年月平均蒸发量的 M－K 统计量

4.3.2　蒸发的年际变化

三个站点 1961～2013 年的年蒸发量、汛期蒸发量(6～9 月)见图 4-11 所示。分析表明：

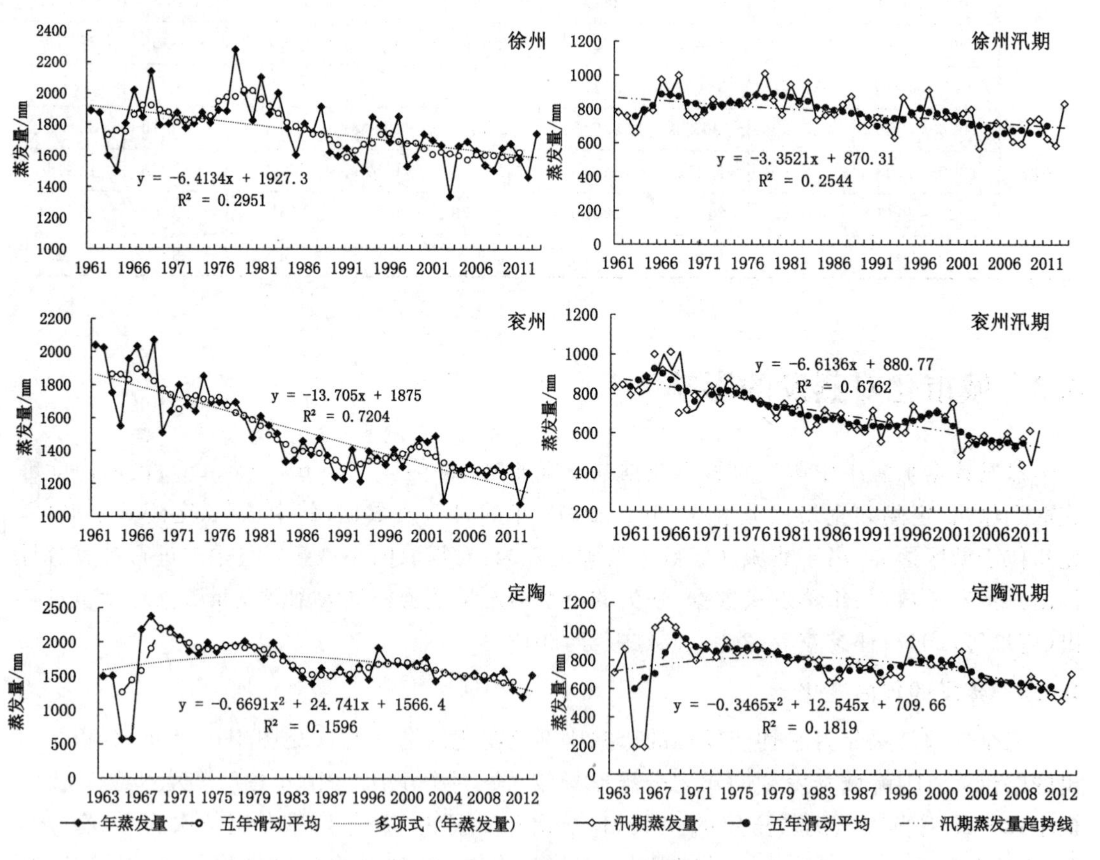

图 4-11　三个站点蒸发的年际变化

① 流域的年蒸发量和汛期蒸发量的年际变化均呈显著减少趋势。徐州、兖州、定陶站的年蒸发量的 M－K 检验统计量 U 值分别为－4.27、－7.15、－3.62，汛期蒸发量的 U 值分别为－3.68、－6.92、－4.47。② 气候条件是蒸发量变化的基础，而人类活动较大程度地影响着蒸发量的变化。1961～2002 年各站点降水的减少驱动蒸发的减少，而 2003 以来受降水量增多的影响，蒸发量减少趋势相对缓和。而 80 年代以来人类活动强度的增加，是蒸发量减少的主要因素。刘敏等人(2009)的研究表明，黄淮海地区可能与全球变暖背景下人类活动所引起的气溶胶及其他污染物的增加有关，低云量及气溶胶等污染物的增加导致的太阳辐射量减少从而引起蒸发皿蒸发量的减少。流域的三个站点中，兖州的减少量最大，兖州是典型的煤炭型城市，蒸发量的减少与采煤以及煤炭相关产业的大力发展对大气环境质量产生较大影响有很大的关联性。

4.4　城市化进程中水系格局变化

河网水系作为水循环要素在陆地的重要通道和存在形式，其形态、结构与功能会受到高强度人类活动的影响较大，进而影响到河流健康以及水循环健康，对流域洪涝与干旱灾害也产生直接的影响。

受黄河侵夺的影响，南四湖河道水系紊乱。新中国成立后，对该区进行了大规模的河道疏浚、河流改道、修筑堤坝水库、灌区开发、引黄灌溉、湖腰扩大等工程。2003 年以来由于南水北调工程东线工程建设的需要，也对流域的湖区和部分河道进行了整治。高强度的各类水利工程以及不断加快的城市化进程对流域的河网水系和水位变化产生什么样的影响？与国内高度城市化地区及研究热点地区(如长三角等地区)的影响过程与特点是否一致？本节选取流域主要的水系河道，分析城市化及人类活动对水系特征、结构变化的影响。结合气候和人类活动，探讨研究区河网水系变化的驱动因素。

4.4.1　水系提取、分级和指标选取

对南四湖流域 20 世纪 80 年代 1∶10 万分幅地形图和 21 世纪初 1∶5 万电子地图的数字化，结合第 3 章的遥感图像解译，得到流域 1980 年代、2000 年代、2010 年代三期的水系图(图 4-12)。水系包括两个部分：线状水系和面状水系。其中线状水系包括各级河流，面状水则包含各种湖泊及水库等。

南四湖流域湖西为黄泛平原区，河网密布。湖东大多为山区季节性洪水型河流，河道短、少。两种河网类型给水系的分级造成一定的难度，从提取的水系图可以直观看出流域的河流主要分布在湖西地区，因而在水系分级中主要考虑河网密度高的湖西地区的水系特征。平原河网区的特点为河网交错密布，河道之间汇入关系不清，流向也常常发生变化，加之高强度的人工干扰，河流改道现象普遍存在，并不存在明确的规律。因此，平原河网地区的河流分级仍是目前未取得共识的难题。参考已有文章中关于平原河网地区的河流分级研究(许有鹏等，2012；邵玉龙等，2012)，借鉴 Strahler 河流分级方案的思想，参照自然河流地貌学的分类方法，根据河流宽度将南四湖流域的河流分为 3 级：河宽大于 20 m 的河道定为 1 级、河宽 10～20 m 为 2 级、河宽 5～10 m 为 3 级。3 级以下的河道在地形图和遥感影像中和农田中的灌渠等水利设施很难区分，暂不做统计。

为定量描述研究区水系变化特征，对不同时期的河流长度和水面面积进行量算统计，并

以表征水系结构的河网密度、河网水面率、河网复杂度和河网结构稳定度等参数作为指标，分析探讨研究区各时期水系演变的主要特征。

河网密度(DR)即流域单位面积上的河流总长度，也就是水系总长与水系分布区面积的比值。河网密度的大小与一个地区的气候、岩性、土壤、植被覆盖等自然环境以及人类改造自然的各种措施有关。对于自然流域来说，河网密度大，则流域切割强度大，对降水的蓄积能力强，河网密度低则流域水量调蓄能力较弱。

水面率(WP)是指河道和湖泊多年平均水位下的水面积占区域总面积的比例，是河流水系分析中常用的指标之一。水面率对消减洪峰、蓄滞涝水、灌溉供水、水生态环境保护意义重大，一般水面率越高越有利。

河网复杂度(CR)是用来描述河网数量和长度的发育程度，数值越大，说明该区域河网的构成层次越丰富，支撑主干河道的支流水系越发达。该指数是对分支比和长度比的综合，计算公式如下：

$$CR = N_C \times (L/L_m) \tag{4-3}$$

式中，CR 为河网复杂度；N_C 为河流等级数；L 与 L_m 分别是河流总长度和主干河长。

河网结构稳定程度(SR_t)是不同阶段河网中河道总长度和河道总面积的比值变化程度度量值。因为河道长度和面积的不同步演变是水网结构发生变化的直接结果，采用此指标可计算不同阶段之间河网结构的稳定程度，计算公式为：

$$SR_t = (L_t/RA_t)/(L_{t-n}/RA_{t-n}) \quad (n > 0, t > n) \tag{4-4}$$

式中，L_t、RA_t 与 L_{t-n}、RA_{t-n} 分别为第 t 阶段和第 $t-n$ 阶段的河道总长度与河道总面积。

4.4.2 水系变化特征及影响因素

黄河夺泗以来，南四湖流域河道一直比较混乱。湖西平原坡水河道、湖东山区河道，加上降水的年际变化很大，流域洪、涝、旱、碱灾害频繁。根据《沂沭泗河道志》资料，新中国成立以来到 80 年代末，对该区进行了 3 个阶段的大规模水利治理：1949～1963 年，在平原区疏浚旧河道、整修堤防及调整部分水系，山丘区搞梯田、地埝、谷坊等水土保持工程；1964～1980 年，大搞蓄水工程和湖西区的河网化，因未经统一规划，开挖了很多有头无尾的排水河沟，加上黄灌区发展迅猛，修建渠道打乱了原有的排水系统，涝碱灾害加剧；1981～1990 年，按水系统一规划治理，湖西采取高低水分排、洪涝分治、截源并流的治理措施，湖东进行水库续建和灌区开发。

80 年代流域地形图上显示的是经过上述几个阶段大规模治理后形成的新的水系结构。80 年代至 2010 年的近 30 年，流域河网水系的变化特征为(见表 4-9、表 4-10)：① 河流长度、面积和河网密度呈微弱减少趋势。河流总长度减少了135.46 km，总面积减少了 2.75 km²。其中，1987～2000 年河流长度和面积分别减少了 68.13 km、2.32 km²；2000～2014 年分别减少了 67.33 km、0.43 km²。河流长度、面积的减少使得河网密度呈减少趋势，近 30 年河网密度由 9.15%减少到 8.66%，主要的减少时期为后一阶段。② 各级河流长度、面积变化特性不同。1 级河流的长度、面积减少幅度最大，分别减少 195.17 km 和 3.9 km²，减少过程主要发生于 1980～2000 年；2 级河流的长度、面积呈增加趋势，增加过程主要发生在 2000～2014 年，分别增加了 110.75 km、1.66 km²；3 级河流的长度、面积前一时期增加，而后一时期减少，减少绝对值大于增加的绝对值，最终变化量为减少了 51.04 km、0.51 km²。③ 湖泊、水库等所表示的面状水系呈较显著的增加趋势。总面积增加了 159.7 km²，其中后一时期增加量大，为 126.7 km²。湖泊、水库面积的增加使得流域水面率近 30 年来持续增加，由 0.97%增加到 1.55%。④ 2000 年以来流域河网复杂度和结构稳定度相比前一时期略微下降。⑤ 空间上，湖西的河网密度、河网复杂度和稳定度普遍大于湖东地区，各小流域变化特征不尽相同。梁济运河、洙赵新河、丰沛河流域河网密度、复杂度都有所下降；东鱼河、洸府河、泗河流域则出现略有上升的趋势；其他流域水系参数变化不大，见图 4-12 所示。

表 4-9　　南四湖流域不同时期水系长度、面积变化

河流等级	1987 年		2000 年		2014 年		1987～2000 年		2000～2014 年		1987～2014 年	
	长度/km	面积/km²	长度/km	面积/km²	长度/km	面积/km²	长度/km	面积/km²	长度/km	面积/km²	长度/km	面积/km²
1 级	1 564.22	31.28	1 396.57	27.93	1 369.05	27.38	−167.65	−3.35	−27.52	−0.55	−195.17	−3.9
2 级	728.38	10.93	736.08	11.04	839.13	12.59	7.7	0.11	103.05	1.55	110.75	1.66
3 级	202.25	2.02	294.07	2.94	151.21	1.51	91.82	0.92	−142.86	−1.43	−51.04	−0.51
总体	2 494.85	44.23	2 426.72	41.91	2 359.39	41.48	−68.13	−2.32	−67.33	−0.43	−135.46	−2.75

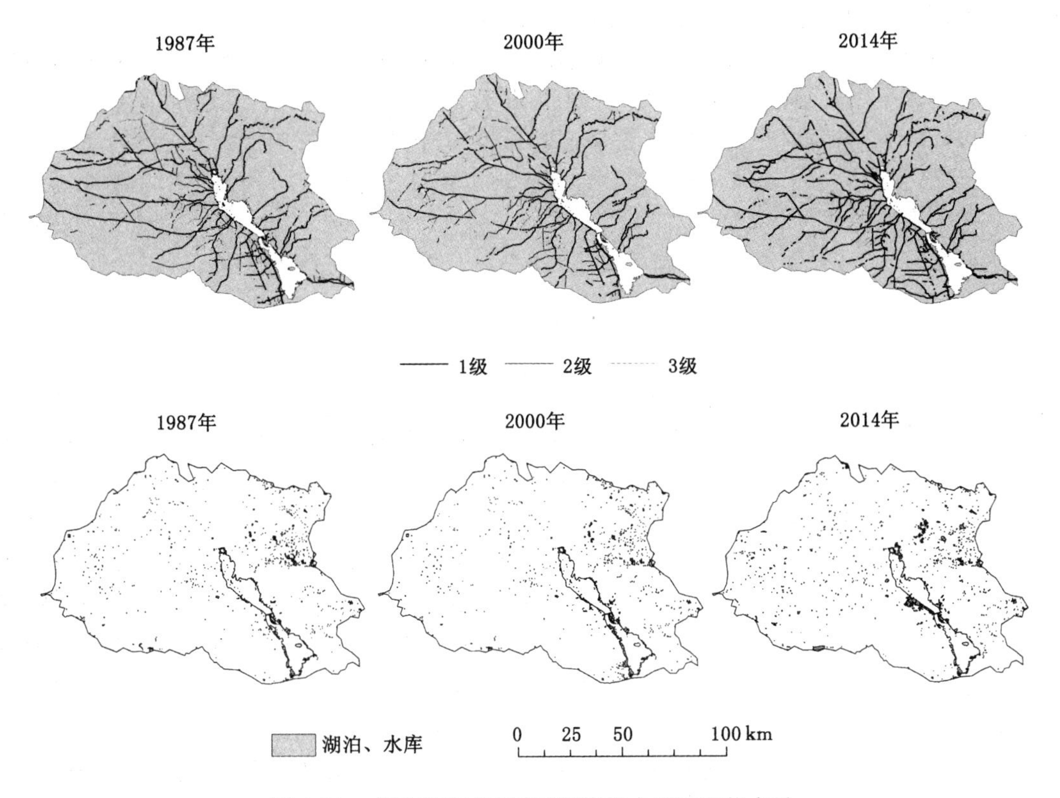

图 4-12　南四湖流域不同时期线状水系和面状水系

80 年代以来，气候以及水利工程、城市化以及生态环境整治工程等人类活动共同影响南四湖流域河网水系的变化。

从气候因素上看，目前流域平均降水比前两个年代多近 80 mm。降水量的增加是部分水系参数的增加，尤其是湖泊、水库面积以及水面率增加的主要原因。降水增加，一方面使得水库蓄水量和蓄水面积加大，另一方面南四湖湖区周边在枯水期荒弃和出露湖底部分由于降水量的增多而变为湖面。

表 4-10　南四湖流域不同时期水系特征

	1987 年	2000 年	2014 年	1987～2000 年	2000～2014 年
河网密度	9.15%	8.90%	8.66%	−2.73%	−2.77%
水面率	0.97%	1.09%	1.55%	11.58%	42.63%
河网复杂度	4.78	5.21	5.17	8.95%	−0.82%
结构稳定度	—	1.03	0.98	—	−4.30%

从下垫面变化上，近 30 年来，流域建设用地面积增加了 1 569 km^2，遥感影像解译出来的流域 259 个城镇用地斑块中，有 46%布局在距离 1、2 级河流 0～2 km 的范围内，城镇空间扩展使得河道缩窄、低等级河道被填埋消失，河流长度、面积、河网密度、河网复杂度和结构稳定度有一定程度的减少。但流域的城镇化水平总体较低，且 68%的建设用地为农村居民点用地，下垫面变化对河网水系的总体影响不大。

除了城市化导致的下垫面变化外，影响南四湖流域河网水系的人类活动中更多地表现为水利工程和生态环境治理措施。20 世纪 80 年代以来，为了解决防洪排涝，各主要河道都进行了以提升排涝标准为目的的干、支流河道疏浚、开挖与治理工程，主要河流的防洪标准均由 10 年一遇提高到 20～50 年一遇。这些水利工程使得流域 2、3 级河流的长度和面积呈增加趋势。

4.5　小　　结

城市化对水循环要素的影响，主要有：

(1) 对降水量的影响：南四湖流域 20 世纪 60 年代以来，8 个主要雨量站点降水量的多年变化呈增、减不同的变化趋势，但总体变化不显著；各站点表现出较一致的年际波动特性，60 年代～80 年代中后期处于波动下降趋势，80 年代后期～21 世纪初期处于波动增加趋势，2003 年之后又趋于下降。降水的年内分配极不均匀；各站点的年内分配特征相似，7 月降水最大，1 月降水最小；降水主要集中于 6～9 月份。城区站点和非城区站点的年际变化特征和趋势并未表现出明显的差异，但城区多年汛期降水量和暴雨雨量大于非城区，表明南四湖流域城市化进程对城区降水的年际变化影响不大，而对汛期降水量和暴雨雨量有一定的增多作用。

(2) 对径流的影响：南四湖流域 60 年代以来，8 个主要水文站点径流量的多年变化均呈减少趋势，且年际丰枯变化剧烈，与对应雨量站点的降水量变化特征不同。而径流的年际波动与降水量的年际波动特征一致。径流的年内分配不均匀，主要集中于 7～10 月份，径流最大、最小月份与降水相比均滞后一个月。与暴雨雨量总体增加的变化特征不同，多数站点的洪峰流量表现出减少趋势，而 70 年代以来在中上游兴建的各种蓄水工程对中下游洪峰流量的控制和削减起到较明显的作用。黄庄、书院、滕州 3 个站点经历了较明显的下垫面变化，后期的暴雨单位过程线普遍表现出较明显的峰现提前、洪峰变窄、汇流时间缩短的特征。气候变化是径流量变化的基本影响因子，降水量的丰、枯直接影响到径流量的多与少。但是，在短时间尺度上，高强度的人类活动成为影响径流的主要因素。

(3) 对蒸发的影响：流域的年蒸发量和汛期蒸发量的年际变化均呈显著减少趋势。气候条件是蒸发量变化的基础，而人类活动较大程度地影响着蒸发量的变化。

(4) 对河网水系的影响：80 年代以来，南四湖流域的河流长度、面积和河网密度呈微弱减少趋势。各级河流长度、面积变化特性不同。湖泊、水库等所表示的面状水系呈较显著的增加趋势。2000 年以来流域河网复杂度和结构稳定度相比前一时期略微下降。湖西的河网密度、河网复杂度和稳定度普遍大于湖东地区。气候以及水利工程、城市化以及生态环境整治工程等人类活动共同影响流域河网水系的变化。

第5章 南四湖流域城镇化水文效应的模拟与预测

在气候变化的背景下，以城镇化为主导的土地利用变化过程是影响水文过程的主要人类活动之一。为了更深入地分析气候变化以及由城镇化所主导的土地利用变化过程对水循环要素产生的影响，采用校准和验证好的GIS—SWAT水文模型，模拟、预测不同气候条件和土地利用背景下主要水文参数的响应过程。

在空间尺度上，选择全流域、典型子流域和城市空间流域三个尺度。全流域代表了南四湖流域内21个主要子流域的平均状态；典型子流域的选择考虑湖东和湖西、南部和北部的分布，最终选择湖东南部的蟠龙河、湖西北部的洙赵新河两个子流域；典型城市空间流域的选择考虑湖东、湖西以及城市化进程较高和建设用地扩张过程较明显的流域，最终选择湖西的济宁市和湖东的菏泽市两个城市流域。

在时间尺度上：城镇化和土地利用类型以现有的1987、2000、2014年，加上基于CA模型模拟得到的2030年，共4期的城镇化和土地利用结构，运行SWAT模拟。气象条件包括与土地利用结构相对应的1980～2011年全序列气象条件和十年尺度气象条件。

在上述时空背景下，设置4种情景，分别为1987～2014年土地利用条件下的3种情景：① 固定下垫面状况而改变气象因子；② 固定气象因子而改变下垫面状况；③ 下垫面状况和气象因子都变化；④ 基于CA模拟的2030年的下垫面状况和多年平均气象条件。以期定量分析气候变化和以城镇化为主导的土地变化对径流、蒸散发、基流、地下水补给量、土壤含水量等水文要素的长期影响。

5.1 SWAT模型的建立

由于分布式水文模型的特征参数的物理意义比较明确，能描述流域内水循环的时空变化过程，近年来已成为研究水文效应的有力工具。其中SWAT是应用较广、综合性较高的水文模型之一，目前在我国湿润区、半湿润区和半干旱区的长期水文过程模拟中有着广泛的应用，并取得了良好效果。本节基于南四湖流域8个水文站点1961～2011年连续50年的降水径流资料，结合2000年的土地利用数据，构建适宜于研究区的SWAT模型，模型各参数经过验证合格后，对整个研究区开展模拟分析。

5.1.1 SWAT模型的结构和原理

SWAT模型可以模拟流域内多种不同的水循环物理过程，主要包括三大子模型：水文过程子模型、土壤侵蚀子模型和污染负荷子模型，本研究主要应用的是水文过程子模型。SWAT对水文过程的模拟主要分为两大部分：水循环陆面部分（坡面产流和坡面汇流）和水面部分（河道汇流）。陆面部分由水文、气象、泥沙、土地利用、土壤、营养物质、农业、农业管理等8大子模块组成，主要用于控制参与水循环的水、泥沙沉积物、营养物质和杀虫剂等物质的数量。水面部分决定水、沙等物质从河流水网输送到流域出口的过程。

为了减小流域下垫面和气候因素的时空差异对模型的影响，SWAT模型采用模块化的结构特征，将整个流域划分为若干个子流域，每个子流域划分为多个水文响应单元（Hydrologic Response Unit，HRU）。水文响应单元是表示子流域内土壤类型、土地利用类型、作物管理方式的最基本的单位。每一个HRU内的水平衡都是基于降水、地表径流、蒸散发、壤中流、渗透、地下水补给和河道运移损失来计算的。模型将计算每个水文响应单元的径流量、泥沙及营养物质量，再通过河道汇流演算得到流域总径流量、泥沙和营养物质（陈军峰和李秀彬，2004；都金康等，2006；李硕等，2004；李玉华，2010）。

SWAT模型中，对水循环的模拟计算基于如下水量平衡方程：

$$SW_t = SW_0 + \sum_{i=1}^{t}(R_{day} - Q_{surf} - E_a - W_{seep} - Q_{gw}) \tag{5-1}$$

式中，SW_t 为土壤最终含水量，mm；SW_0 为土壤前期含水量，mm；t 为时间步长，d；R_{day} 为第 i 天降雨量，mm；Q_{surf} 为第 i 天的地表径流，mm；E_a 为第 i 天的蒸发量，mm；W_{seep} 为第 i 天存在土壤剖面地层的渗透量和侧流量，mm；Q_{gw} 为第 i 天的地下水含量，mm。

SWAT模型采用模块化设计思路，水循环的每个环节对应一个子模块。模型提供SCS径流曲线法和基于次降水过程的格林—安普特（Green-Ampt）模型两种方法来计算地表径流。由于本研究没有次降水过程数据，故产流过程选择SCS径流曲线法：

$$Q_{surf} = \frac{(R_{day} - I_a)^2}{R_{day} - I_a + S} \tag{5-2}$$

式中，Q_{surf} 为地表径流量；R_{day} 为每日降水量；I_a 为降水初损；S 为流域最大可能滞留量。其中 S 计算公式为：

$$S = 25.4 \times (\frac{1\,000}{CN} - 10) \tag{5-3}$$

式中，CN 为日径流曲线数；I_a 为常数，根据经验一般取为 $0.2S$。从式中可以看出，只有当每日降水量 R_{day} 大于降水量初损 I_a 时，流域才会产生地表径流。

模型在计算蒸散发时，考虑水面蒸发、裸地蒸发和植物蒸腾，并提供了Penman-Montieth、Priestly-Taylor和Hargreaves三种计算潜在蒸散发的方法。本研究选用比较常用的Penman-Montieth方法计算潜在蒸散发。在此基础上计算实际蒸散发，依次计算树冠截留的蒸发量、植物的最大蒸腾量，最后计算土壤水的蒸发量（李吉学，1999；郝芳华，2006）。

模型中土壤侵蚀由MUSLE方程推算；壤中流的计算采用动力贮水模型的方法，并考虑到水力传导度、坡度和土壤含水量的时空变化；而河道汇流演算多采用变动存储系数法或马斯京根法（Neitsch et al.，2005）。本研究选用比较常用的变动存储系数法演算河道汇流，流量和平均流速通过曼宁公式计算。

5.1.2 SWAT模型数据库的建立

SWAT模型的运行需要大量的空间数据和属性数据，其中空间数据主要包括数字高程模型（DEM）、土地利用和土壤类型数据等；属性数据库则包括土地利用和土壤属性数据库、气象数据库及水文资料（表5-1）。

表 5-1　　**SWAT 模型数据库输入资料**

数据类别	详细类别
地形	数字高程模型(DEM)、水系
土地利用	土地利用类型空间分布
土壤	土壤类型空间分布、土壤物理性质、土壤化学性质等属性数据
气象	最高温度、最低温度、太阳辐射、平均风速、相对湿度
降水	雨量站逐日降水资料
水文	河道水文站流量资料

(1) 数据格式和坐标系统

① 数据格式:模型要求输入的 DEM、土地利用和土壤类型等空间数据均为 ESRI Grid 格式的栅格数据;气象站、雨量站与水文站等点状文件均采用包括点状地物平面和经纬度坐标的.dbf 表文件的格式存储。对于属性数据表则以.dbf 表文件或者.txt 文本文件格式存储,如降水、流量等气象水文观测资料。

② 地图投影:本研究采用统一投影坐标 WGS_1984_UTM_Zone_50N。

(2) 数据库的构建过程

① 数字高程模型(DEM):DEM 数据来源于国际科学数据服务平台网站,分辨率为 30 m。

② 土地利用数据:土地利用数据集包括 1987、2000 和 2014 年三期,来源于中科院地理科学与资源研究所。将土地利用数据进行重新分类并转化为 SWAT 模型能够识别的代码。

③ 土壤数据:包含土壤的空间分布、物理属性与化学属性数据。其中土壤类型空间分布数据来源于 FAO(联合国粮农组织)提供的 1∶100 万土壤图,对土壤进行重新分类和编码,得到南四湖流域的土壤分布图(图 5-1)。

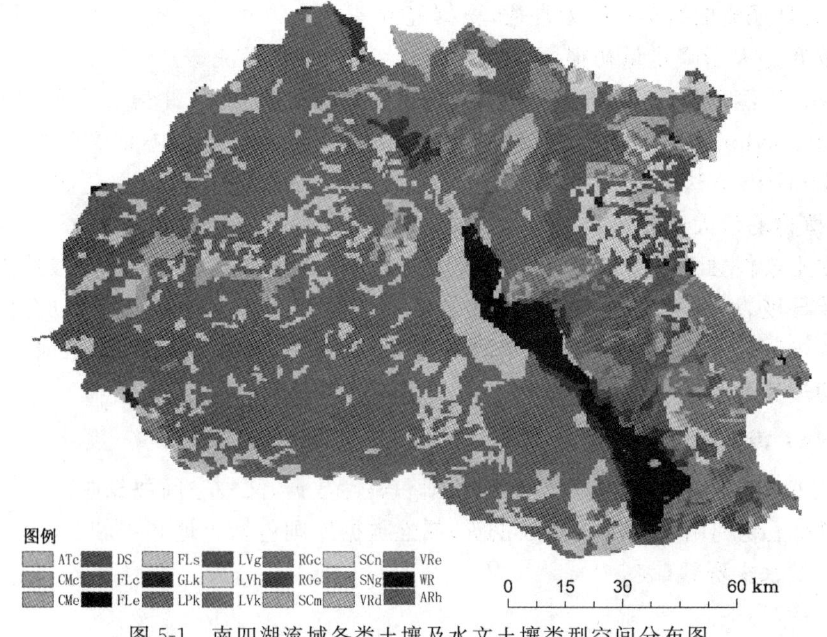

图 5-1　南四湖流域各类土壤及水文土壤类型空间分布图

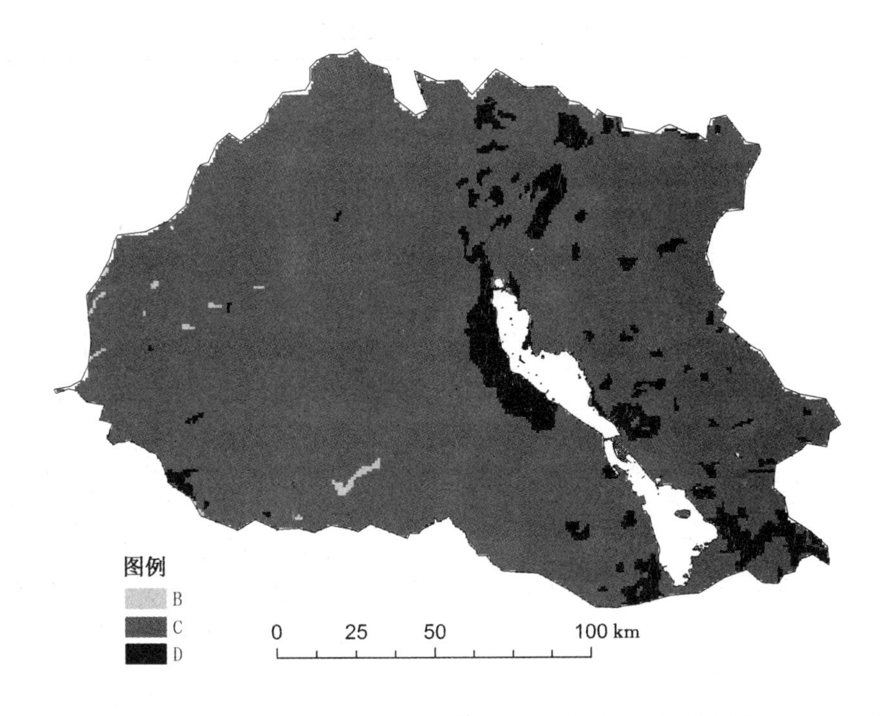

续图 5-1　南四湖流域各类土壤及水文土壤类型空间分布图

物理属性数据决定了土壤剖面中水和气的运动情况，主要包括土壤分层数、各层厚度、土壤水文分组等。其中最重要的是土壤的粒径级配数据，其他许多土壤物理参数如容重、饱和导水率等，都可以通过土壤的粒径级配数据导出。但是我国第二次土壤普查数据的质地体系采用国际制，而 SWAT 模型使用的是 USDA 简化的美制标准。因此必须进行土壤粒径分级标准之间的转换。采用 Matlab 软件中的三次多项式插值法对土壤质地标准进行转换(蔡永明等，2003)，可得到研究区美制标准的土壤粒级分配数据。土壤容重、有效田间持水量、饱和导水率等参数应用美国华盛顿州立大学开发的土壤水特性软件 SPAW (Soil-Plant-Atmosphere-Water)(Kilmann et al.，1985)估算得到。其中 USLE 方程中土壤可蚀性因子 K 值可以根据 Williams 等提出的公式计算(J. R. Williams，1985)；其他参数通过查阅土种志资料以及经验模型等方式获取。

本研究采用 SCS 径流曲线法来计算地表径流，而 SCS 根据土壤的渗透性将土壤分为四个土壤水文组(A、B、C 和 D)，每一类土壤水文组在相同的降雨和地表条件下具有相似的产流能力。根据 SCS 径流曲线法土壤水文组的划分原则，对研究区的土壤类型进行归并，生成 B、C 和 D 三个水文土壤类型(见图 5-1)。SCS 径流曲线法中 CN2 值是影响产流的一个关键性参数，受前期土壤湿润程度、坡度、土壤类型和土地利用类型的综合影响，其大小间接反映了流域的产流能力。结合研究区的自然条件，参考美国农业部土壤保持局给出的不同土壤水文组条件下各种土地利用类型的 CN2 值，确定研究区不同土地利用、不同土壤类型的 CN2 值(见表 5-2)。

表 5-2 研究区不同土地利用和土壤类型的 CN2 值

土地利用类型 \ HSG	B	C	D
耕地	71	79	84
林地	59	72	79
草地	66	77	83
水域	98	98	98
建设用地	81	87	90
未利用地	79	86	88

④ 气象水文数据：模型中的气象数据是流域内其他过程模拟的驱动力，也是最重要的输入数据之一。所用气象水文站点分布见图 3-2 所示。1961～2013 年逐日气象数据从中国气象科学数据共享服务网(http://cdc.cma.gov.cn)获取，采用其中 1961～1990 年 30 年的数据构建天气发生器，模型运行所需要的气象数据时间段为 1991～2013 年。降水资料和径流资料均来源于沂沭泗流域水文统计年鉴，包括 15 个雨量站 1981～2011 年的实测日降水数据，8 个水文站点的实测日径流量。

5.1.3 空间数据离散化

SWAT 模型中空间数据离散化，就是对流域的细分过程。模型在进行模拟时，首先基于 DEM 模拟出来的河网分布和出水口的位置，把流域划分成一定数目的子流域，然后在每个子流域内再划分土地利用类型、土壤类型、坡度等空间性质更为单一的水文响应单元(HRUs)。本章基于南四湖全流域 DEM 生成的水系图，经过数字化水系图的校正后，将南四湖流域划分为 21 个子流域，如图 3-2 所示。

HRU 的划分方法有两种：第一种是主导因子方法，具体做法是将一个子流域整体地当做一个 HRU 处理，同时把该子流域的主导土地利用类型、土壤类型以及坡度等级等三个要素的最佳组合属性赋给当前 HRU；第二种是多个水文响应单元法，该方法将一个流域划分成多个 HRU，每个 HRU 具有相同的土壤和土地利用等水文特征信息。本研究采用第二种 HRU 划分方式，具体可分三步来完成划分：第一步是确定土地利用类型的面积阈值，即某类土地利用面积小于这个阈值时可以将其忽略并按面积比例合并到其他土地利用类型中；第二步是确定土壤面积阈值，设置意义同上；第三步是确定坡度等级阈值，进行 HRU 划分(王学，2012)。

(1) 典型子流域选取

南四湖流域以四个湖泊为中心，多条入湖河流呈辐射状分布，汇入四个湖泊后的流域最终出水口有三个(蔺家坝闸、伊家河闸、韩庄闸)。但 SWAT 模型允许所研究流域只能存在一个总出水口，流域不能直接作为一个整体进行模拟；且流域内包含面积高达 1 103 km^2 的南四湖湖面，湖泊内部水文演算过程非常复杂，而本研究的重点在于陆面的土地利用变化对水文过程的影响。因此，对南四湖流域的水文模拟过程中将整个流域除去了四个湖泊的水面部分，先选取典型陆面小流域进行参数验证，再将校准、验证好的模型推广至其他子流域，流域最终的水文参数值由各子流域累加获得。

南四湖湖东和湖西的自然地理条件存在较大差异，为了模拟的准确性，对湖东和湖西各选择两个河流作为典型流域进行模拟。湖东和湖西分别选取北部的泗河流域和万福河流域，南部的蟠龙河流域和东鱼河流域作为典型小流域，四个子流域占据南四湖流域的四个方位，更能代表不同地形、不同土地利用结构、不同气候差异下流域内部各种组合情况。采用泗河和蟠龙河流域验证后的模型进行湖东的模拟；万福河和东鱼河流域验证后的模型进行湖西的模拟。

（2）空间离散化过程

各流域的水系提取：对每个子流域的 DEM 进行设置（DEM Setup），确定空间坐标、导入 mask，并导入数字化水系进行校正。定义每个子流域的最小河道集水面积阈值（Threshold Area），该阈值设定的面积越小，生成的模拟水系就越详细。为了便于比较模拟值和实际值之间的关系，引入河网密度（D）、相对误差（RE）作为模拟值和实际值的对比参数。河网密度和相对误差的计算公式如下：

$$D_i = \frac{L_i}{S_i} \tag{5-4}$$

$$RE_i = (D_i - D_0)/D_0 \times 100\% \tag{5-5}$$

式中，D_i 为某次模拟值的河网密度；L_i 为模拟河网干流和支流的总长度；S_i 为模拟的流域总面积；RE_i 为某次模拟的相对误差；D_i 为某次模拟的河网密度；D_0 为实际河网密度。

针对各流域选取不同的最小河道集水面积阈值进行模拟，模拟河网与实际河网的比较见表 5-3。比较模拟的误差最小值，对各流域提取的最小河道集水面积阈值分别为：泗河流域 800 ha，蟠龙河流域 200 ha，东鱼河流域 1 200 ha，万福河流域 800 ha。

表 5-3　各典型流域模拟河网与实际河网的比较

	阈值	泗河流域 (1 346 km²)		蟠龙河流域 (292 km²)		东鱼河流域 (3 945 km²)		万福河流域 (934 km²)	
		D	RE	D	RE	D	RE	D	RE
实际水系	0.296		0.03		0.23		0.13		
	200 ha	—	—	0.029	−4.95%	—	—	—	—
模拟水系	400 ha	0.344	16.22%	0.024	−21.54%	0.321	39.52%	0.157	20.47%
	800 ha	0.305	2.90%	0.016	−45.24%	0.29	26.29%	0.134	3.31%
	1 200 ha	0.204	−30.99%	——	——	0.226	−1.54%	0.11	−15.39%
	1 600 ha	0.177	−40.15%	——	——	0.191	−16.77%	0.102	−21.54%

子流域划分：根据各流域的最小河道集水面积阈值，最终流域的子流域数量划分分别为——泗河流域 95 个，流域总出口在第 95 号子流域内，径流校准的书院水文站位于第 44 号子流域内；蟠龙河流域 79 个，流域出口位于第 79 号，径流校准的薛城水文站位于第 69 号；东鱼河流域 197 个，流域总出口在 49 号，径流校准的鱼城水文站位于第 58 号；万福河流域 50 个子流域，流域总出口在第 19 号，用于径流校准的孙庄水文站位于第 16 号，划分结果见图 5-2 所示。

HURs 划分：将划分好的子流域与 2000 年的土地利用类型、土壤类型和坡度分类叠加，采用第二种方法进行 HRU 划分。通过分析各子流域的土地利用类型、土壤类型以及坡度等级所占的百分比和分布特征，在保证重新划分后的各参数类型比例和实际情况相一致的前提下尽可能减少模型计算量。最终确定泗河流域土地利用类型的面积阈值为 5%，土壤类型的面积阈值为 3%，坡度等级划分阈值为 20%，共划分为 820 个 HRUs；蟠龙河流域土地利用类型的面积阈值为 5%，土壤类型的面积阈值为 5%，坡度等级划分阈值为 5%，流域共划分为 519 个 HRUs；东鱼河流域土地利用类型的面积阈值为 15%，土壤类型的面积阈值为 5%，共划分为 461 个 HRUs；万福河流域土地利用类型的面积阈值为 15%，土壤类型的面积阈值为 5%，共划分为 100 个 HRUs。

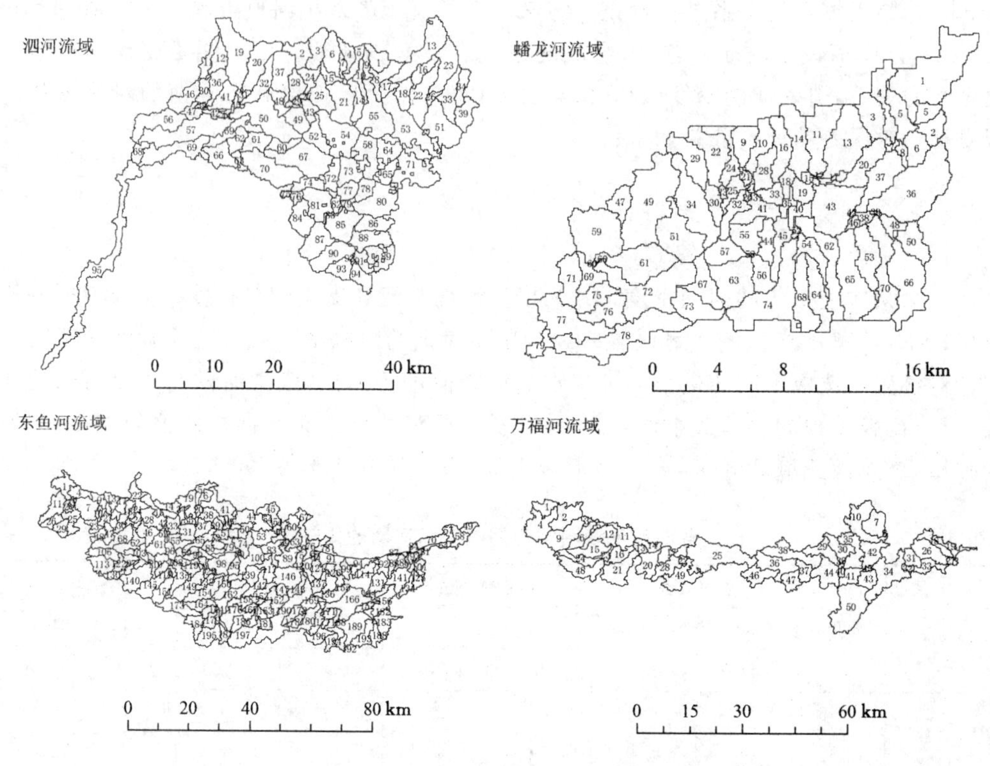

图 5-2　各典型流域子流域编码图

5.1.4　模型参数率定与验证

当模型的基础数据初步确定后，需要进行参数率定和模型验证，以提高模型的模拟精度和在研究区的适用性。

流域气象站点和水文站点从 1961～2011 年的长时期序列数据中，将 20 世纪 90 年代以前的数据用于构建天气发生器；1991～2000 年 10 年作为模型预热阶段，得到模型初始结果；2001～2007 年的数据用来进行参数校准；2008～2011 年的数据用来进行模型验证及其适用性评价。以 2000 年土地利用图代表期间的土地利用状况。

模型模拟中涉及到的敏感性参数较多，采用 SWAT 模型官方网站提供的 SWAT-CUP (Calibration and Uncertainty Programs)——SWAT 校准和不确定性分析工具来进行参数的敏感性分析与调整。通过 SWAT-CUP 敏感性分析，最终选择 CN2(SCS 径流曲线系数)、GWQMN(深层地下水的渗透损失)、ESCO(土壤蒸发补偿系数)、SOL_AWC(土壤有效含水量）、GW_REVAP（地下水再蒸发系数）、REVAPMN（浅层地下水再蒸发系数）、RCHRG_DP（深蓄水渗透系数）、ALPHA_BF（基流 α 系数）8 个敏感性参数进行调整，其他一些对模拟结果的变化不太敏感的参数采用模型的默认值。在四个典型流域内各参数的敏感性排序并不一致，主要是土地利用类型、土壤类型和坡度的差异造成的。

模型模拟结果的优劣反映了模型在研究区的适用性。一般选取相对误差（R_e）、决定系数（R^2）和 Nash-Suttcliffe（E_{ns}）系数 3 个指标来评价模型的适用性。Nash-Sutcliffe 系数是反映模型输出结果与流域实测值之间拟合程度的重要参数，即衡量模拟效果优劣程度的标准，其具体计算公式见公式（5-6）。E_{ns} 值在 0～1 之间，E_{ns} 值越接近 1 表示模拟值越接近实测值，模拟效果良好；反之，越接近 0 表示模拟值的可信度非常低，模拟效果不理想。

$$E_{ns} = 1 - \frac{\sum_{i=1}^{n} (Q_m - Q_p)^2}{\sum_{i=1}^{n} (Q_m - Q_{avg})^2} \tag{5-6}$$

其中，Q_m 为流域实测值；Q_p 为模型模拟值；Q_{avg} 为实测值的平均值；n 为参与计算的样本数量。

校准的数据和在校准的基础上将其参数带回模型进行验证的数据，若同时满足以下三个条件：$E_{ns} > 0.6$、$R_e < 20\%$、$R^2 > 0.6$，可认为 SWAT 模型适用于该研究流域。

本研究主要针对 8 个敏感性参数进行调参，调参过程中的主要准则为：

① 如果模型输出中出现过高的地表径流，即模拟径流始终高于实际径流，则需要减小不同土地利用类型的 CN2 值（SCS 径流曲线系数），增加土壤的有效含水量（SOL_AWC），降低土壤蒸发补偿系数（ESCO），低则相反。

② 如果模型输出的基流高于实际基流，说明蒸发值过小，则需要增加深层地下水的渗透损失（GWQMN），增加地下水再蒸发系数（GW_REVAP），减小浅层地下水再蒸发系数（REVAPMN），低则相反。

③ 如果模拟径流洪峰出现时间晚于实际径流的洪峰，可能是汇流时间过长，地面水流坡度小于实际的坡度，又或者是过高地估计了地表粗糙度，则需要调整模型中输入的坡度（SLOPE）、坡长（SLSUBBSN）和坡面粗糙系数（OV_N）。

④ 如果模拟径流的洪峰高于实际径流的洪峰，而模拟的基流小于实际基流，则需要调整下渗、壤中流和基流退水等相关参数。

⑤ 如果模拟洪峰频率小于实际洪峰频率，可能是因为降雨站点没有代表性或者测站没有正常工作，需要仔细检查时间段内的降水和流量数据。

最后得到适合研究区的模型参数值，调整后的 8 个敏感性参数值见表 5-4 。

表 5-4　　敏感参数调整结果

参数	参数范围	调整结果			
		泗河（湖东）	蟠龙河（湖东）	东鱼河（湖西）	万福河（湖西）
CN2	0～100	72～98	72～98	59～98	59～87
GWQMN	0～5 000	0.78	0.78	1.94	0.78
ESCO	0～1	0.98	0.95	0.95	0.95

续表 5-4

参数	参数范围	调整结果			
		泗河(湖东)	蟠龙河(湖东)	东鱼河(湖西)	万福河(湖西)
SOL_AWG	0～1	0.04～0.2	0～0.27	0.21～0.58	0.3～0.6
GW_REVAP	0.02～0.2	0.02	0.02	0.02	0.02
REVAPMN	0～1	1	1	1	1
RCHRG_DP	0～1	0.05	0.05	0.815	0.705
ALPHA_BF	0～1	0.5	0.532	0.837	0.725

注:GW_REVAP(地下水再蒸发系数)参数调整值溢出参数范围的最低值,因此取参数范围的最低值(0.02);REVAPMN(浅层地下水再蒸发系数)参数调整值溢出参数范围的最高值,因此取参数范围的最高值(1)。

率定好参数后,分别选择书院、孙庄、薛城和鱼城四个水文站点的实测数据对相对应的四个典型流域进行模型验证。各站点月均径流量校准期和验证期的模拟值和实测值对比见图 5-3,各评价指标值见表 5-5。在月尺度上,四个站点模拟的径流量和实测径流量的变化趋势基本一致,月均径流量在校准期和验证期的评价指标均达到标准,即 $E_{ns} > 0.6$,$R_e < 20\%$,$R^2 > 0.6$。调参后的模型适用于研究区的水文模拟。

表 5-5　各典型流域月均径流量模拟评价指标

时期		累月均值/(m^3/s)		R_e	R^2	E_{ns}
		实测值	模拟值			
泗河	校准期(2001～2007 年)	5.57	5.59	−0.46%	0.74	0.73
	验证期(2008～2011 年)	8.73	7.97	8.68%	0.87	0.80
蟠龙河	校准期(2001～2007 年)	2.40	2.45	−2.13%	0.85	0.82
	验证期(2008～2011 年)	0.94	0.93	0.92%	0.91	0.89
东鱼河流域	校准期(2001～2007 年)	9.52	8.94	6.01%	0.85	0.84
	验证期(2008～2011 年)	5.52	6.13	−11.12%	0.70	0.68
万福河流域	校准期(2001～2007 年)	3.53	3.89	−10.42%	0.69	0.68
	验证期(2008～2011 年)	2.50	2.74	−9.41%	0.69	0.69

5.1.5　模型适用性评价

为了评价四个典型流域的参数在其他流域的适用性,在湖东选取城河、湖西选取洙赵新河进行年径流量的模拟。两个流域按照空间离散化等步骤运行模型,得到 2001～2011 年年径流量的模拟结果和水文站点实测值的对比图,见图 5-4 所示,两个流域的评价指标见表 5-6。

两个水文站点年径流量的实测值和模拟值趋势基本一致,E_{ns} 和 R^2 均大于 0.7,模拟效果较好。因此,泗河、蟠龙河流域校准参数可适用于湖东其他流域的水文模拟,万福河、东鱼河流域校准参数可适用于湖西其他流域的水文模拟,且模拟结果可以满足研究要求。

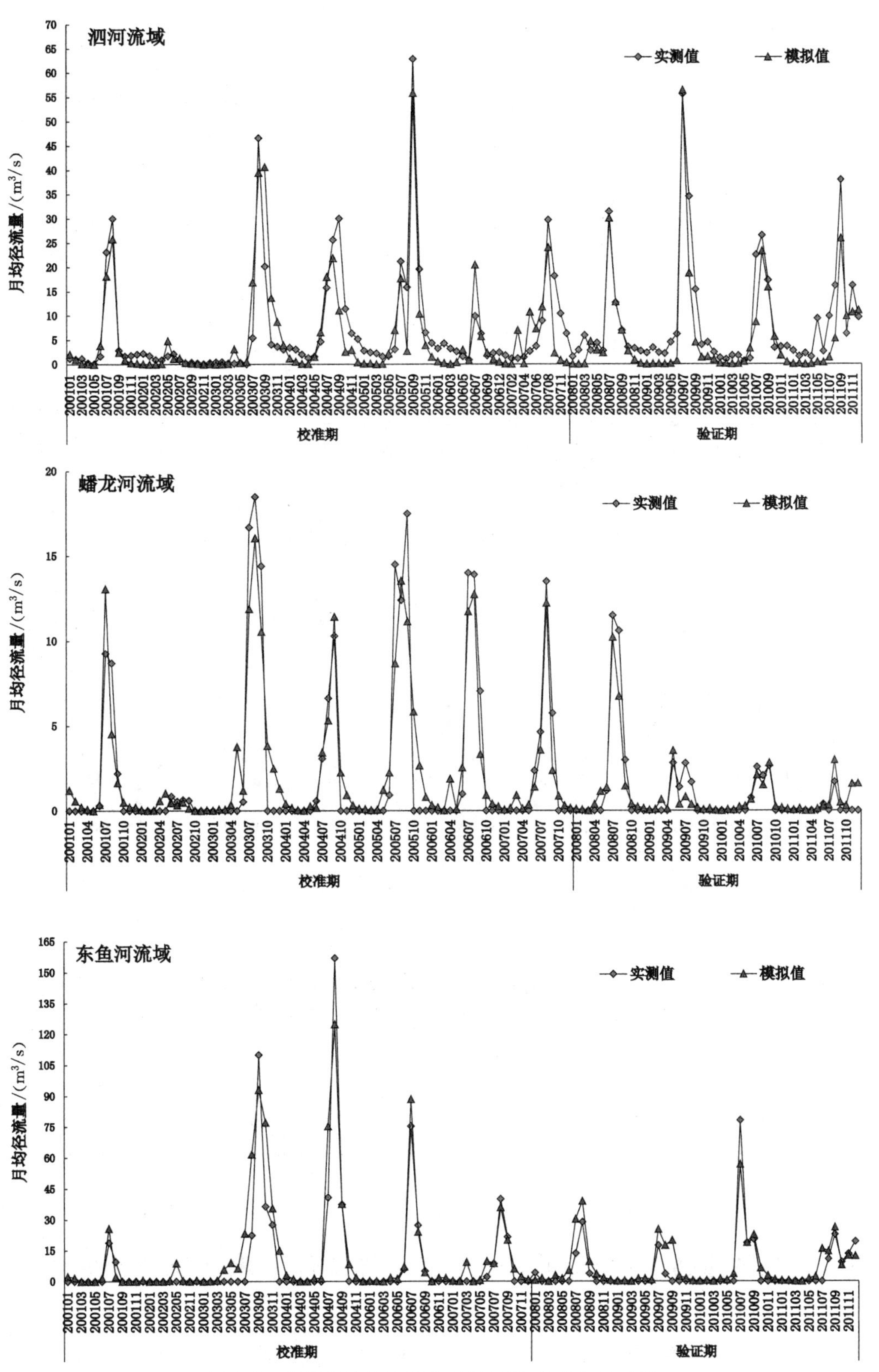

图 5-3　典型流域月均径流量校准期、验证期对比图

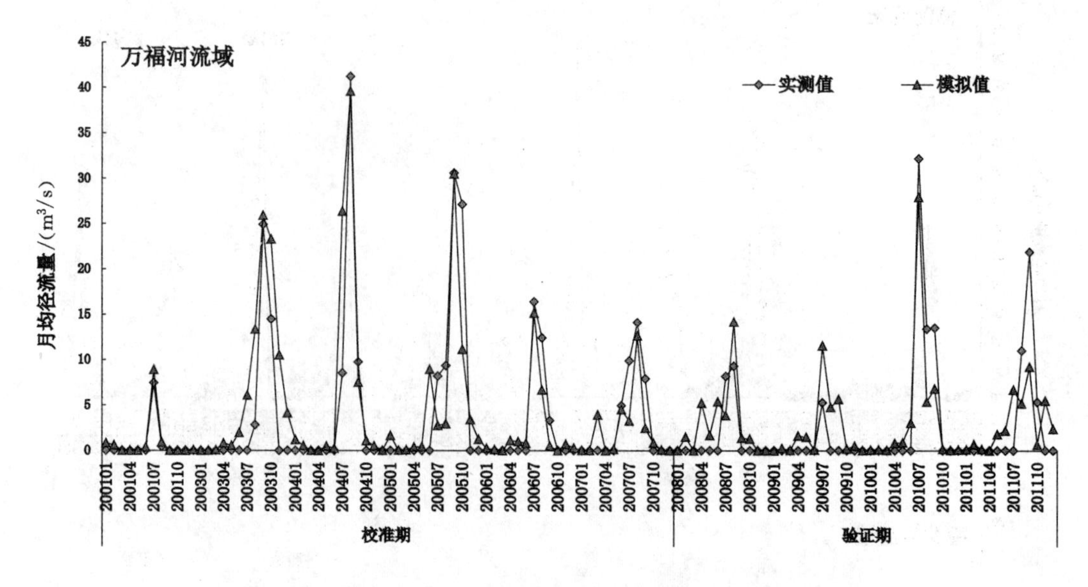

续图 5-3　典型流域月均径流量校准期、验证期对比图

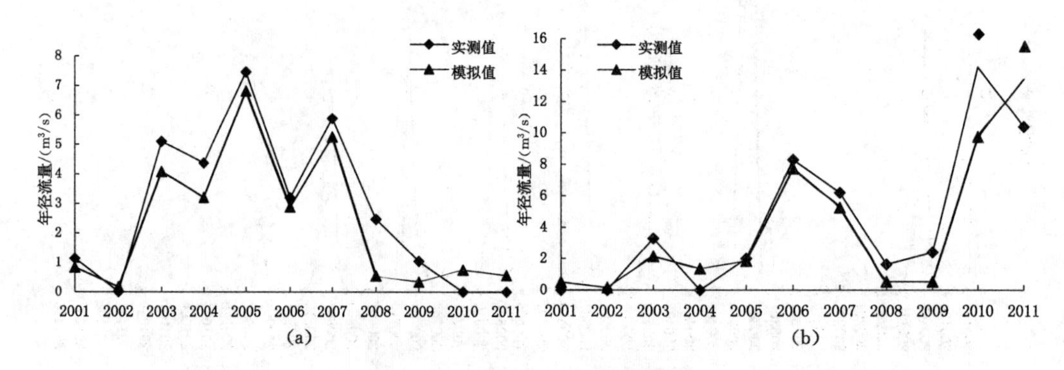

图 5-4　城河、洙赵新河流域年径流量模拟值和实测值对比图

(a) 城河流域；(b) 洙赵新河流域

表 5-6　　城河流域和洙赵新河流域年径流量模拟评价指标

流域	累月均值/(m³/s)		R_e	R^2	E_{ns}
	实测值	模拟值			
城河流域	2.79	2.31	17.10%	0.75	0.73
洙赵新河流域	4.36	3.66	15.98%	0.70	0.78

5.2　情景 1:固定下垫面状况、改变气象条件下水文参数的变化

将研究区三个尺度(全流域、子流域、城市流域)、5 个流域自 2000 年的土地利用和 1981～1990 年、1991～2000 年、2001～2011 年三个年代的气象条件作为模型输入，模拟 2000 年

土地利用情景下气候变化对不同空间尺度流域水文参数产生的影响。从10 a尺度模拟年代平均、月平均气象条件下主要水文参数的数量和空间格局变化。

5.2.1　水文参数的年变化

全流域在2000年土地利用和三个年代气候条件下，平均径流深、基流、地下水补给量、土壤含水量和蒸散发等5个水文参数变化如图5-5所示。

1981～2011年，全流域的年代平均降水量呈现增加的趋势，1981～1990年、1991～2000年、2001～2011年平均降水量分别为615 mm、680 mm、762 mm。降水量直接影响着各水文要素的绝对量和年际变化特征。从各要素的绝对量上，随着降水的增加，径流深、径流系数、基流、地下水补给量、土壤含水量和蒸散发等参数也呈现增加趋势，如径流深在1981～1990年、1991～2000年、2001～2011年分别为137 mm、169 mm、216 mm，而蒸散发分别为464 mm、500 mm、519 mm。从年际变化特征上，受气候影响最大的参数为地下水补给量和基流，而后依次为径流深、蒸散发和土壤水。相应参数的增加幅度分别为116%、91%、57%、12%、8%。粗略定量评价降水变化对各参数变化的影响，平均每增加1%（约6 mm）的降水量，地下水补给量增加4.83%，基流增加3.79%，径流深增加2.4%，蒸散发增加0.50%，土壤水增加0.32%。

不同气候条件下，降水量对水文循环各参数的分配比例不同。三个年代的气候输入下，蒸散发均占到降水量的最大份额，分别为75%、74%、68%；而后为径流深和土壤含水量，径流系数分别为0.22、0.25、0.28，土壤含水量的份额为14%、13%、12%；基流和地下水只占很少的份额，为2%～4%。这种分配关系明显地受降水量多少的影响。蒸散发、土壤含水量占降水量份额的大小与降水量多少呈反比例关系，即降水量大时，蒸散发和土壤含水量的相对份额小；降水量少时，反之。径流深、基流和地下水补给量占降水量的份额与降水量多少大体呈正比例关系，即随着降水量的增减，这三个参数发生相应的增减变化。

4个子流域空间尺度上，气候输入条件、各水文参数的数值及其受降水影响的程度以及各参数相对于降水的比例，均与全流域尺度表现出大体一致的变化趋势和规律（见图5-5）。南四湖流域内部地形地貌及气象水文表现出明显的空间差异性，降水的地域分配上总体呈现“东多西少，南多北少，山区多平原少”的特点，见图5-6所示。湖东为山丘地区，降水量明显大于处于黄泛平原的湖西地区，多年平均值大70 mm。湖东、湖西内部而言，年降水量南部地区大于相应的北部。4个子流域中，蟠龙河流域位于湖东的南部地区，三个年代的降水量（734 mm、740 mm、857 mm）明显多于全流域和其他3个子流域。受降水的影响，径流深、地下水补给量和基流明显偏大，而蒸散发偏小，土壤含水量略微低于其他流域，但相差不大。说明上述全流域尺度降水量与各水文参数之间在时间尺度上呈现的特征与规律同样适用于空间尺度。即在不同的时空尺度上，气候条件都是影响水文参数的主要因素。

在气候影响的背景下，分析各流域土地利用类型对水文参数影响的空间差异。全流域和各子流域在土地利用类型的结构上有所区别（表5-7，图5-12），其中比较明显的差别在于：① 蟠龙河流域的耕地比例偏小（58%），而草地比例较大（20%）；② 济宁城市流域的建设用地比例最大，为22.7%。对比各流域的水文参数及其变化值可以发现，土地利用差异对各个流域的水文参数产生了一定的影响。

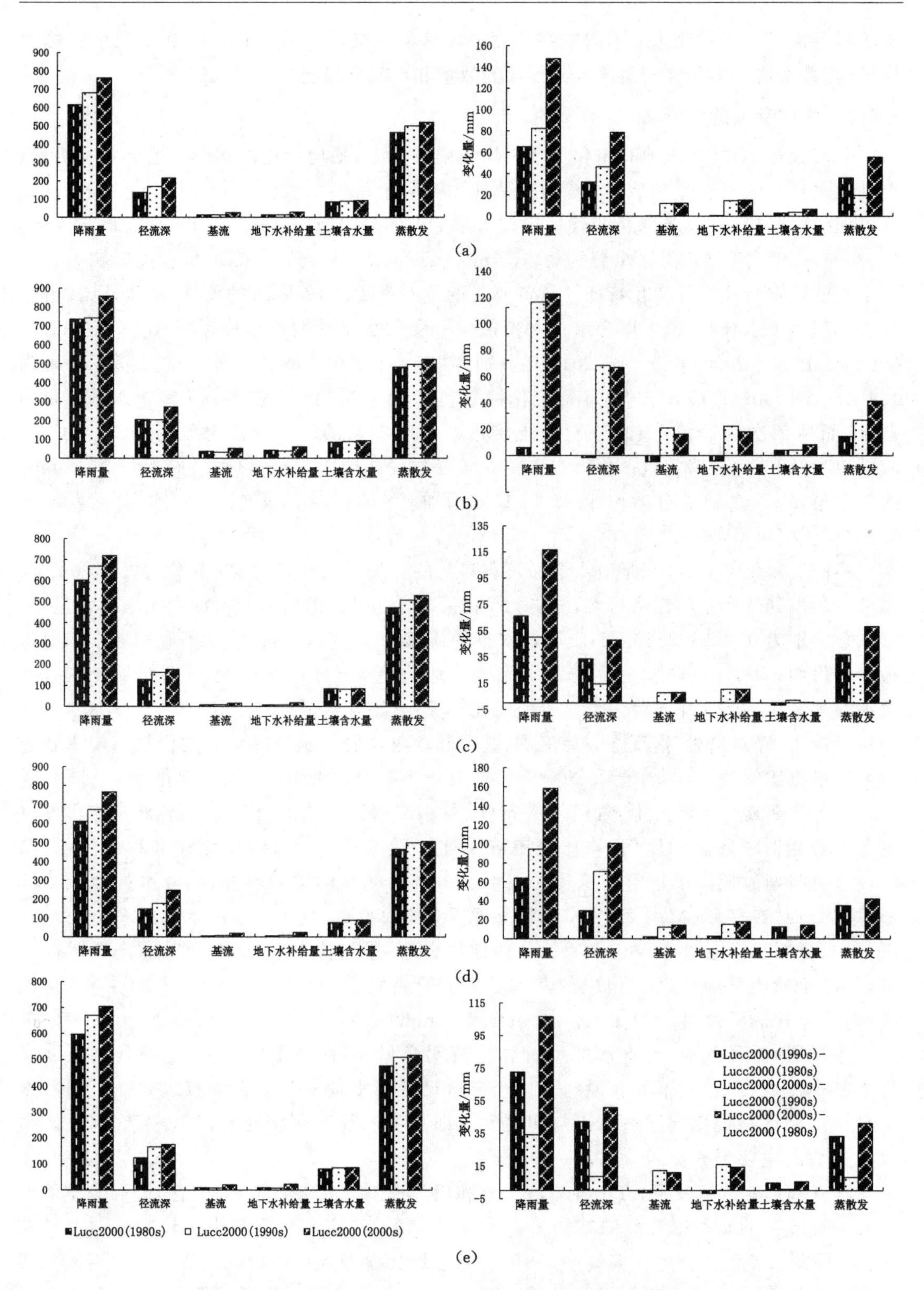

图 5-5　2000 年 LUCC 条件下各流域水循环参数及其变化图

(a) 全流域;(b) 蟠龙河流域;(c) 洙赵新河流域;(d) 济宁城市流域;(e) 菏泽城市流域

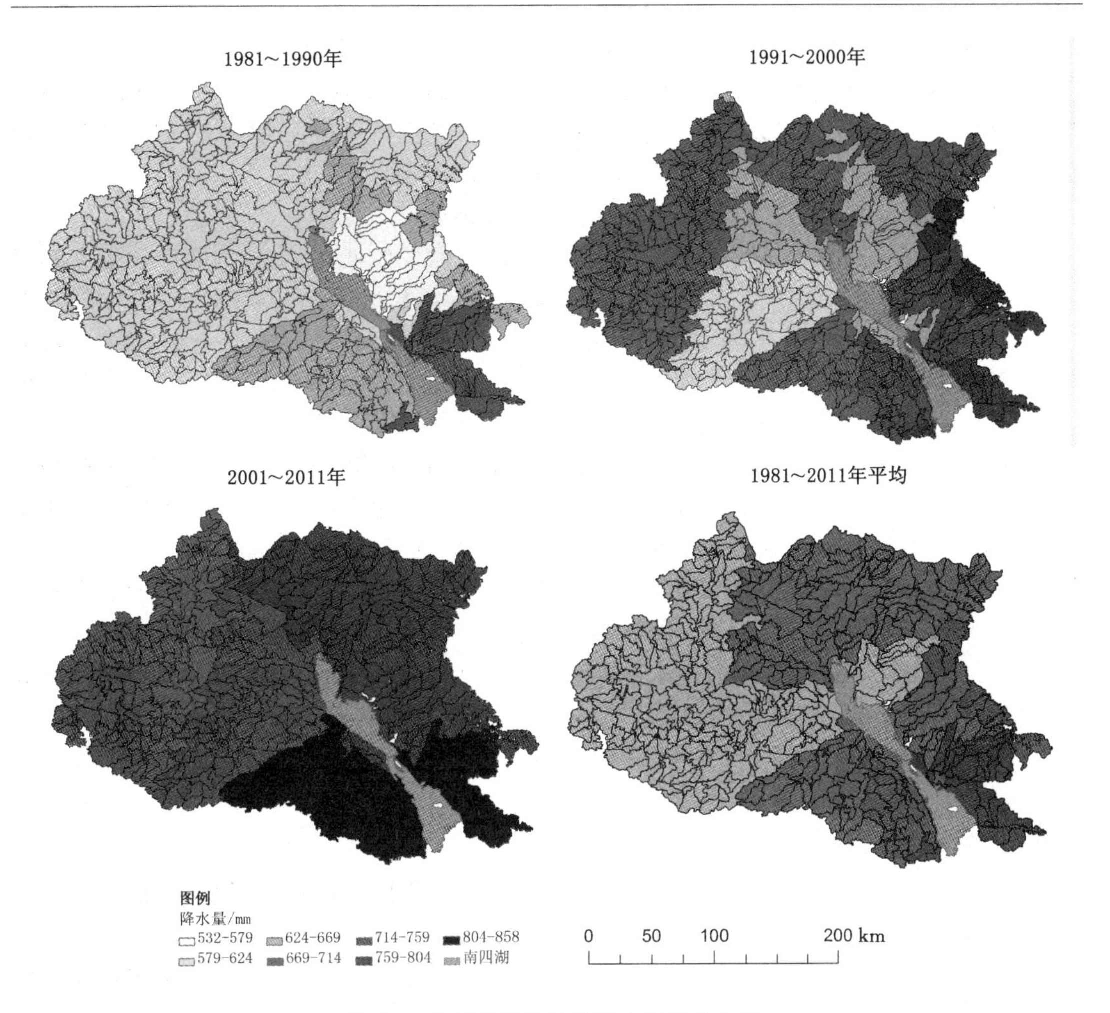

图 5-6　全流域不同时期降水空间分布图

表 5-7　　2000 年 LUCC 条件下各流域土地利用及其比例变化

	全流域		蟠龙河流域		洙赵新河流域		济宁城市流域		菏泽城市流域	
	面积/km²	比例/%	面积/km²	比例/%	面积/km²	比例/%	面积/km²	比例/%	面积/km²	比例/%
耕地	18 237.39	75.18	169.4	58.01	1 666.47	78.05	357.98	75.19	386.28	78.09
林地	485.46	2.00	10.07	3.45	34.58	1.62	0.15	0.03	9.01	1.82
草地	1 175.54	4.85	59.39	20.34	22.58	1.06	0.78	0.16	0.54	0.11
水域	440.33	1.82	1.53	0.52	33.78	1.58	8.21	1.73	12.72	2.57
建设用地	3 822.42	15.76	49.97	17.11	361.31	16.92	108.06	22.70	86.14	17.41
未利用地	97.24	0.40	1.65	0.57	16.36	0.77	0.89	0.19	0.00	0.00

三种气候条件下，蟠龙河流域的降水量均为最大，各水文参数值的绝对量也比较大。在各参数与降水量的相对比例关系中，基流与地下水补给量偏高，而蒸散发偏低，各水文要素随降水增加的比例都比较低。从各参数变化的相对量与降水量变化上，各参数均表现出较

低的变化比率，如1981～2011年，蟠龙河流域每增加1%的降水量，径流深增加1.95%，低于除洙赵新河流域外的其他3个流域(洙赵新河流域各年的降水量均最少，其变化比率对径流深变化比率的影响也比较低，每增加1%的降水量，径流深增加1.93%)。即草地具有较低的产流能力，能够增加基流和地下水的补给量，而减少蒸散发(流域大部分耕地在冬季种植冬小麦，而草地进入枯萎期，全年平均的蒸散发能力弱)。

济宁城市流域主要的变化为径流系数偏大，而蒸散发较低，降水量多的条件下尤其明显。在21世纪初的气候条件下，济宁城市流域的径流系数达到0.32，和蟠龙河一致(降水量要比蟠龙河少91 mm)；与降水量大致相当的全流域相比，径流深多31 mm，径流系数大4%。而从各参数变化的相对量与降水量变化上，除蒸散发外，各参数均表现出较高的变化比率。如1981～2011年，济宁城市流域每增加1%的降水量，径流深增加2.67%，在5个流域中最高；而每增加1%的降水量，蒸散发增加0.36%，在5个流域中最低。可见，同样的气候输入条件下，建设用地比例大的流域，径流深和径流系数相应大，蒸散发能力相应弱，建设用地的增加会加大径流深和径流系数，在一定程度上改变了流域的水循环过程。

总结：① 土地利用不变的情形下，气候变化直接导致了各水文参数的数量变化，即各参数的增减趋势与降水量大体一致；② 从参数变化比率上，受气候影响最大的是基流和地下水补给量，其次是径流深；③ 在各参数对降水的分配环节中，各种降水条件下都是蒸散发最大，其次是径流深，基流和地下水在丰水条件下的比例次于径流深，在枯水条件下的比例最小，而土壤含水量相对稳定；④ 在年代的时间尺度上，气候变化对水文参数的影响与流域空间尺度的大小关联性不大。

5.2.2 水文参数的月变化

全流域降水量年内分布极不均匀，而各水文参数对降水也表现出不同的响应效应。三个年代气候条件下，6～9月降水量占全年降水量的比例为68%、67%、75%，其中又多集中在7、8两个月份，占全年降水量的比例分别为44%、50%、49%。降水的最小值出现在气象上的冬季，即阳历12月到次年2月，占全年降水量的比例均为5%左右。与降水一致，各水文参数的年内分配也极不均匀，见图5-7所示。径流深的高值和低值出现的月份与降水量的月份分配表现出高度的一致性，高值出现在6～9月份，三个年代6～9月径流的占比为72%、77%、81%，其中7、8两个月份的占比为44%、62%、55%；低值出现在12月到次年2月，只有全年1%～2%的径流量。但径流系数的最大值并不一定出现在降水量和径流深的绝对量最大的月份，在9月份，三个时期的径流系数分别为0.30、0.24、0.38(而20世纪80年代7、8月的径流系数为0.19、0.26，21世纪初7、8月的径流系数为0.31、0.33)。6～8月的汛期会使得下垫面中土壤的湿润程度增加，相对于9月而言，前期土壤湿润程度较大，径流系数增加。即在径流的年内变化中，在降水量影响的背景下，前期土壤湿润程度的大小影响径流系数的大小，使得径流系数相对于降水量表现出一定的滞后性。

蒸散发的高值期为6～8月份，其中6、7月最高，低值期为11月～次年2月，与温度的高低以及植被和农作物的生长期、枯萎期表现出较高的相关性。

基流、地下水补给量和土壤水在各月的变化量不大，但各自出现极值的月份还受到人类活动的高度影响，即春耕期内雨量不足而对地下水的抽取也是不尽一致。基流和地下水补给量的高值期大致从8月延续到10月或11月，表现出对降水和径流的滞后响应；低值期出现在3～5月，主要受降水量的影响。土壤含水量的年内差异比较小，除了6、7月略低外，其他各月相差不大。

从子流域的空间尺度看(图 5-7),各子流域降水量、各水文参数的年内分配特征与全流域大体一致。表明在月的时间尺度上,气候变化对水文参数的影响同样与流域空间尺度的大小关联性不大。

5.2.3　径流的空间变化

在 5 个水文参数中,径流深与人类生产生活密切相关,也是受土地利用变化和气候变化影响明显的水文参数之一,是目前普遍关注的焦点,因而选择径流深进行空间分布格局变化的分析。

2000 年,南四湖流域城市化进程整体水平比较低,土地利用以耕地为主,占 75%,建设用地占 16%,草地、林地和水域分别为 5%、2%、2%。全流域 3 个年代气象条件下平均径流深及径流系数的空间分布如图 5-8 所示。径流深在空间分布总体上表现出湖东山丘区大于湖西黄泛平原区,且随着降水量的增加,径流深和径流系数总体呈增加趋势。

Clim1980s 气象条件下,湖东和湖西径流深的空间分布都表现出“南北高、中间低”的格局。湖东南部的韩庄运河、蟠龙河、新薛河流域的径流深多在 240 mm 以上,北部的白马河、泗河和洸府河流域径流深次之,径流深在 120～200 mm,中间的界河、辛安河、大沙河、城河、十字河流域的径流深最低,为 80～120 mm。湖东的降水量也大体呈现“南北多、中间少”的格局,即降水量与径流深呈现大体一致的分布格局。湖西南部的郑集河、鹿口河、丰沛河、大沙河、复兴河流域的径流深以及北部的梁济运河、洙赵新河以及万福河、东鱼河的上游径流深在 120～200 mm 之间,中间万福河、东鱼河的中下游、惠河流域径流深较低,为 80～120 mm。与降水量的分布格局相比,湖西中、北部的降水量大致相当,但径流深在中部要低于北部。降水—径流格局的差别从土地利用的空间差异上去寻求原因,可以发现,湖西中部的建设用地比例要低于北部,而林、草地和耕地比例较大,尤其是河流下游靠近南四湖湖区有约 1 500 km^2 的水田,降低了产流量。

Clim1990s 气象条件下,湖东、湖西的径流深延续 1981～1990 年的分布格局。与降水量分布格局不大一致的在于湖东中部地区的流域,径流偏少的幅度(与湖东北部相比)要高于降水偏少的幅度。这一地区的土地利用结构中,林、草地比例明显偏多(林草地面积为 608 km^2,而北部林草地面积 294 km^2),减少了产流量。

Clim2000s 气象条件下,各子流域的径流深均明显多于前两个年代,径流深也呈现出与降水量基本一致的空间分布格局,由各子流域土地利用结构差异导致的径流深的空间差异趋于弱化。

流域 10 a 尺度的径流深变化的空间格局总体上与降水量变化的空间格局相一致(见图 5-8),即降水量变化幅度大的子流域,径流深的变化幅度也大。但是在降水量增加比较小的部分子流域,如湖西中部、湖东中部流域的上游,降水量增加值小于 30 mm,径流深的变化为负值,即呈现减少趋势。

可见,土地利用类型空间格局的差异会导致各子流域径流深的空间分布差异。林地和草地作为生态用地具有维持区域水生态平衡的功能,具有减少流域年径流量、拦蓄洪水的作用;天然林草地被建设用地取代将使得基流减少、地表产流增加。而土地利用类型对径流深大小的影响在枯水条件下表现尤为明显,而随着降水量的增加,其影响趋于减弱。

小流域尺度上能细微地表现气候、土地利用和地形对径流影响的空间差异。

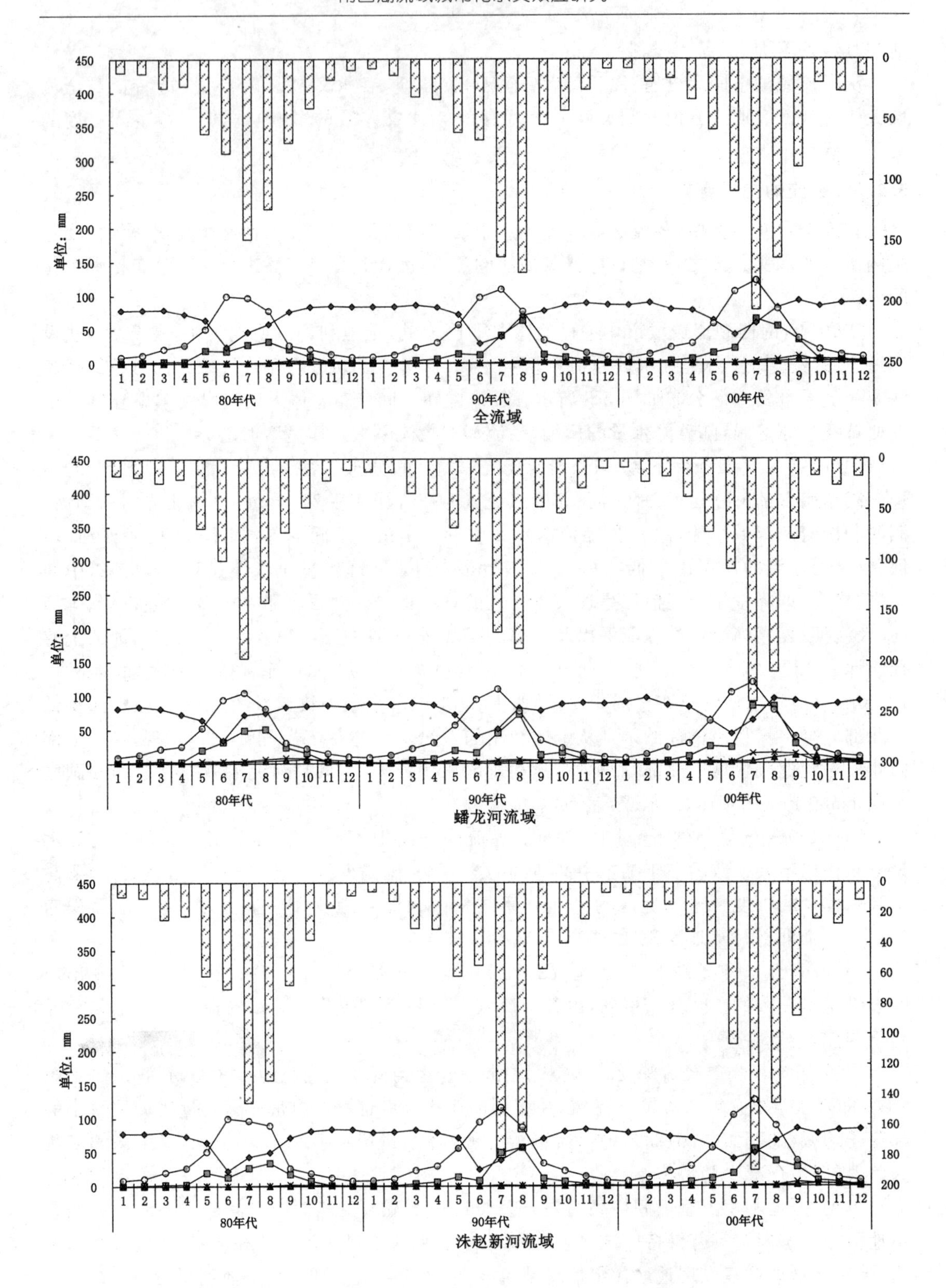

图 5-7 各流域 3 个年代月水文参数变化

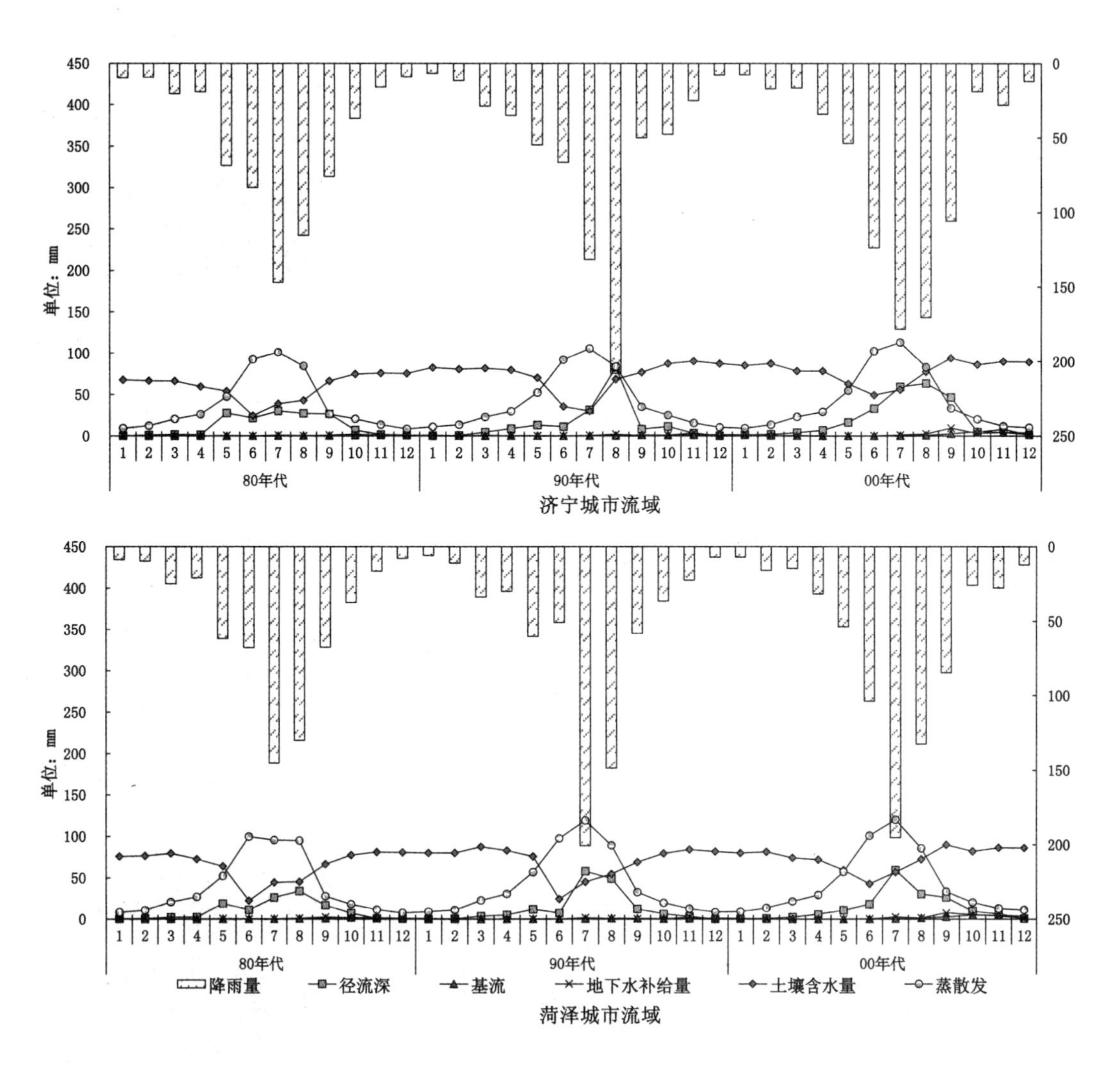

续图5-7　各流域3个年代月水文参数变化

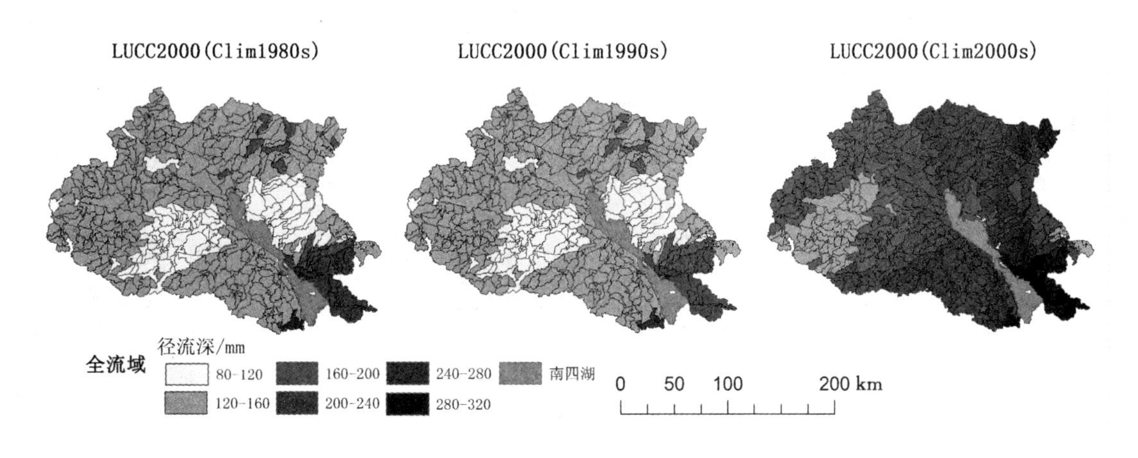

图5-8　各流域径流深的空间分布图

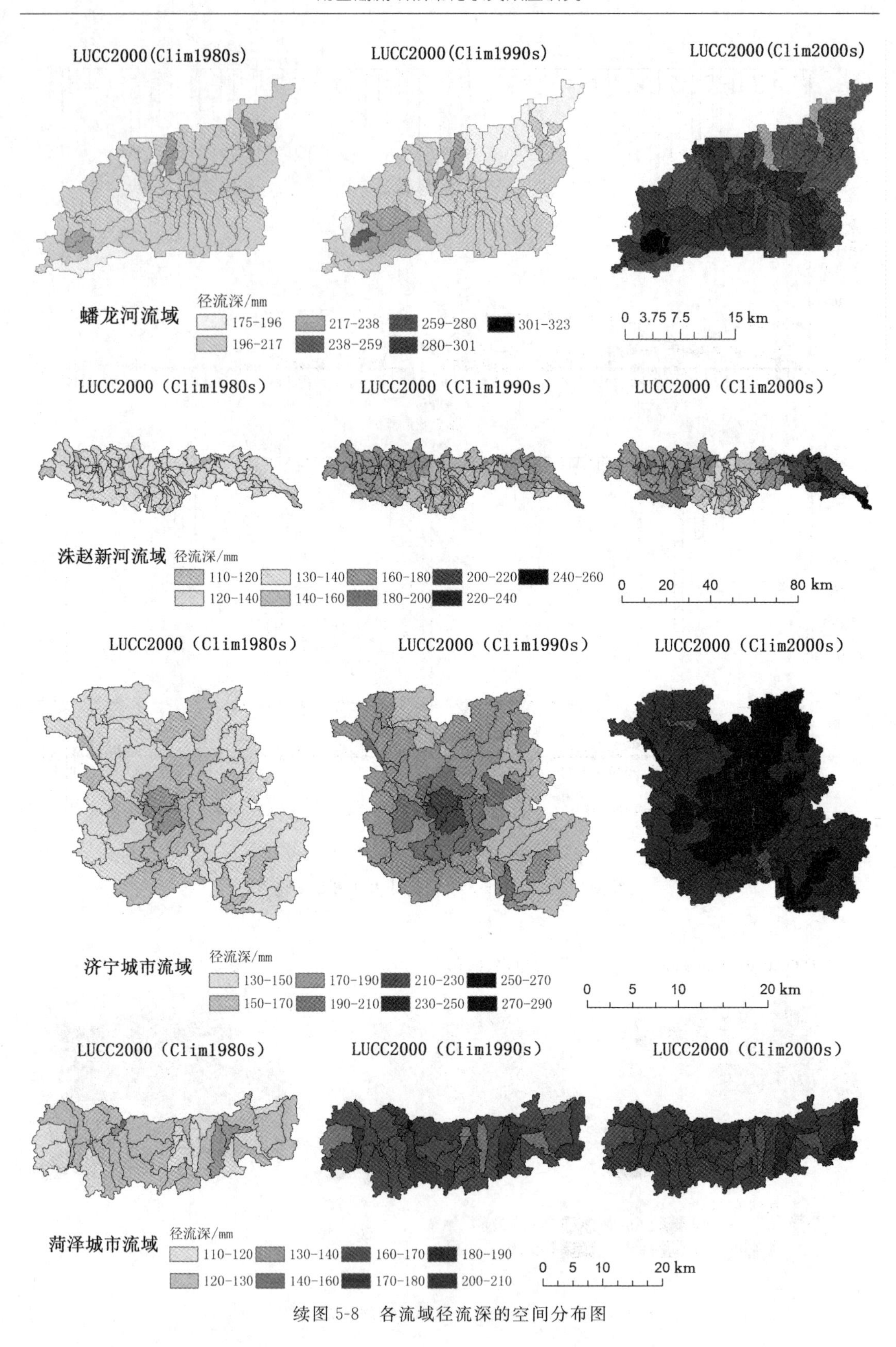

续图 5-8　各流域径流深的空间分布图

蟠龙河流域位于鲁中南的低山丘陵区，地形由东部向西入湖口逐渐降低（图 5-9），流域内南、北分别为东西走向的千山山脉和圣山山脉，中间为冲积平原，有部分低岗残丘。行政区划上主要包括枣庄市的薛城区和市中区。土地利用分布格局上山丘区为林、草地，冲积平原以耕地和建设用地为主。流域内 2000 年的土地利用中以耕地（58%）、草地（20%）和建设用地（17%）为主。与其他子流域相比，蟠龙河流域的草地比例较高，牧业较发达。

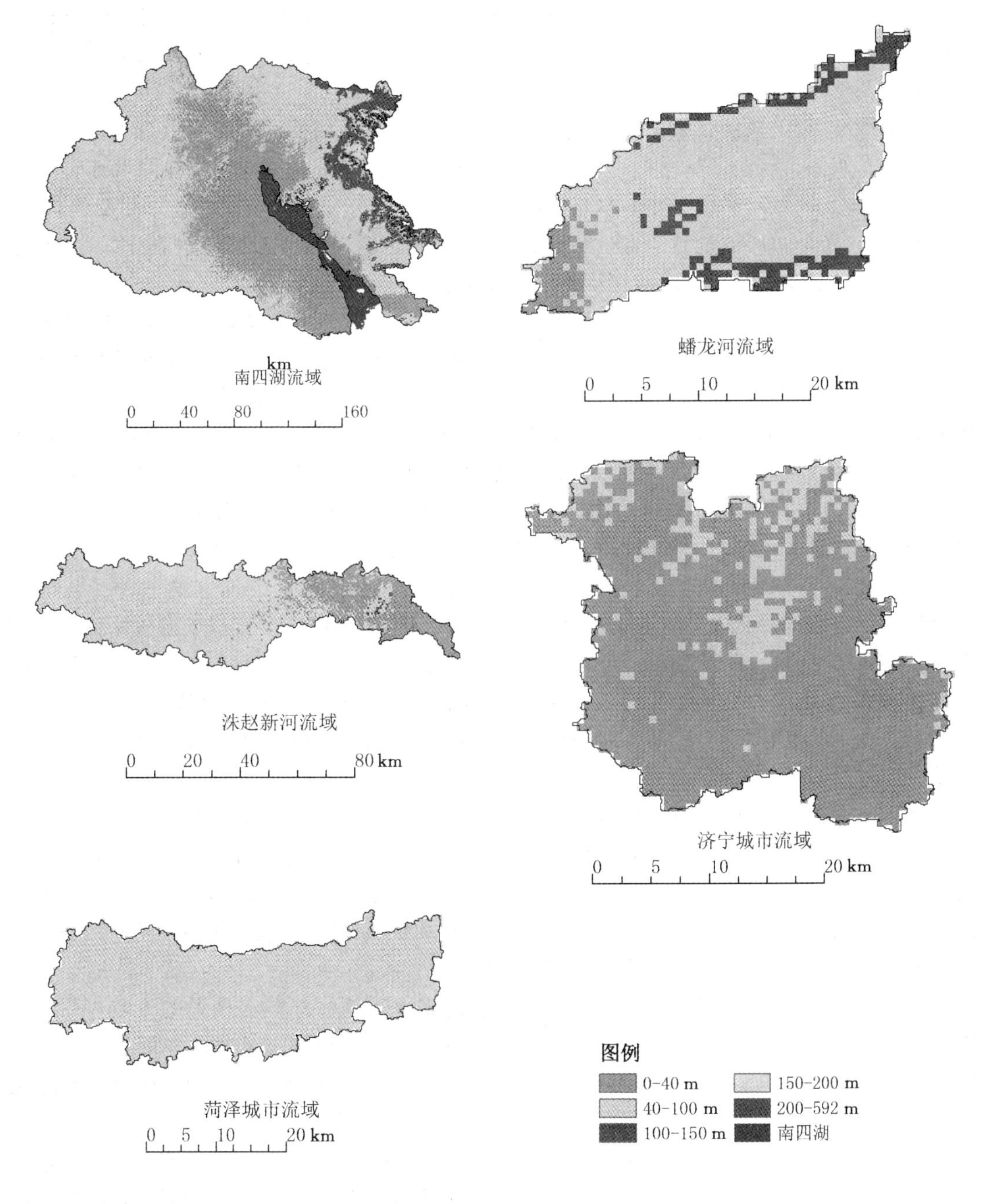

图 5-9　各流域地形图

由图 5-8 可知，三个年代气候条件下，随着降水量的增加，径流深和径流系数(0.28、0.28、0.32)也呈增加趋势。同样的气候条件下，各土地利用类型的平均产水量大致为建设用地＞耕地＞草地，2001～2011 年降水输入时，以建设用地类型为主的枣庄市薛城区所在的水文响应单元的径流系数达到 0.35～0.38。1991～2000 年与 1981～1990 年相比，降水量相差不大(流域平均增加 6 mm)，径流深在上游地形高的区域呈减少趋势，中下游变化微弱增加；而 2001～2011 年与 1991～2000 年和 1981～1990 年相比，降水增加明显(增加 120 mm 左右)，径流深亦明显增加，增加幅度的顺序也基本是建设用地＞耕地＞草地，流域中下游＞上游。

正常情况下，山丘区降水多，径流也多，从实际地形分析，蟠龙河流域的径流量应该是随着地形东高西低。而在模型模拟中，由于流域面积较小、降水站点缺少，全流域降水量用统一的数据，导致模拟的径流深在降水量多的情景下以及年际变化中出现与地形相反的趋势，即地形越陡，年平均产水量越少，这从反面验证了山丘区的蒸散发及下渗过程比较强烈，也反映出分布式水文模型在实际应用中的一些缺陷。

洙赵新河位于湖西黄泛平原区，地形总体由西向东入湖口逐渐降低。流域 2000 年的土地利用以耕地(78%)和建设用地(17%)为主，二者占全部土地的 95%。三个年代气候条件下，随着降水量的增加，径流深和径流系数(0.21、0.24、0.25)同样呈增加趋势。1981～1990 年的降水输入条件下，流域径流深的空间分布比较均匀，径流深大致为 120～140 mm，巨野县城所在的流域响应单元面积较小，建设用地比重相对较大，径流系数最大(0.31)。1991～2000 年和 2001～2011 年的降水输入下，径流深和径流系数的空间分布格局为东(下游)＞西(上游)＞中间(中游)，2000～2011 年降水多时这种格局更明显。2011～1900 年、2011～1981 年径流深的变化格局也为东(下游)＞西(上游)＞中间(中游)。流域内这三个区域的土地利用结构比例上总体没有太大的区别，但地形起伏的差别较大：流域下游入湖口区的高程为 0～40 m，上游的高程为 40～100 m，下游和上游的地形起伏度均在 0～20 m 间，下游巨野县内有 10 余平方千米的低岗残丘区，平均高程为 80～150 m，地形起伏度达到 75～100 m。即在小流域尺度上，随着降水量的增加，土地利用的影响会趋于弱化，而地形的影响会突显。

菏泽城市流域位于洙赵新河流域的上游，流域地形为故黄河的冲积平原，起伏低，径流变化和空间特征受降水和土地利用结构的影响为：1981～1990 年降水量偏少，径流深和径流系数低，各水文响应单元径流深的空间分布受土地利用结构影响较大，径流深值和径流系数较大的流域建设用地比例较大；1991～2000 年和 2001～2011 年降水增加，径流深和径流系数随之增大，径流深和径流系数的空间差异缩小。

济宁城市流域是所选流域中城市化最高、建设用地比例(22.7%)最大的流域。三个年代径流深的变化亦表现出随降水增加而增加的趋势，径流深和径流系数的空间分布上受土地利用结构影响的特征明显。建设用地比例为 10.23%的水文响应单元上，径流系数达到 0.33。

总结：小流域尺度上，气候、地形、土地利用共同影响着流域的水文参数变化。降水量的变化总体决定了水文参数的变化；降水量越少，土地利用的影响越突出；降水量越多时，土地利用的影响会趋于弱化，而地形的影响会在一定程度上突显。

5.3　情景 2:固定气候条件、改变下垫面时水文参数的变化

将研究区三个尺度(全流域、子流域、城市流域)、5 个流域 20 世纪 60 年代以来的多年平均气候条件和 1987、2000、2014 年的土地利用结构作为模型输入,模拟多年平均气候条件下三个时期的土地利用变化对不同空间尺度流域水文参数年、月及空间格局产生的影响。

5.3.1　水文参数的年变化

全流域多年平均降水量为 688 mm,1987～2014 年 LUCC 变化下,各水文参数值小幅变化(图 5-10):径流深增加 2.7 mm,1987 和 2014 年 LUCC 下径流系数分别为 0.25 和 0.26;蒸散发增加 2.7 mm;基流、地下水补给量和土壤含水量各减少 1.7、2.0、2.0 mm。其中,2 个变化期内,1987～2000 年径流深增加,其他 4 个参数都减少;2000～2014 年径流深、蒸散发增加,其他 3 个参数减少。后一个时期(2000～2014 年)各参数的变化幅度大于前一个时期(1987～2000 年),这与相应时段内土地利用变化幅度的趋势相一致,前一时期内,建设用地增加 1.4%,耕地减少 1.4%;后一时期建设用地增加 4.8%,耕地减少 3.0%,林草地各减少 1%。

蟠龙河流域的特点为:① 多年平均降水量明显偏多(780 mm);② 土地利用结构中,草地和林地比例较大,三个年代草地分别为 20%、20%和 16%,林地均为 3%。受降水量多的影响,流域径流深、基流和地下水补给量的值比较大。1987～2014 年 LUCC 变化下,径流深增加 7.4 mm,2014 年的径流系数达到 0.3,蒸散发增加 2.9 mm,而基流、地下水补给量和土壤含水量各减少 7.5 mm、9.0 mm、3.6 mm,其中基流和地下水补给量的减少值在 5 个流域中最大。1987～2000 年建设用地增加 1%,耕地减少 1%,其他用地类型基本不变,各水文参数的变化较小;2000～2014 年建设用地增加 15%(2014 年的建设用地比例达到 32%),耕地减少 11%、草地减少 4%,较大幅度的用地变化对水文参数产生了较大的影响,期间,径流深增加了 6.2 mm,基流和地下水补给量减少 6.9 mm 和 8.3 mm,即建设用地的增加对径流深有较大的增加效应,而草地的减少对基流和地下水补给量有较大的减少效应。

洙赵新河流域的多年平均降水量(664 mm)和三个时期的土地利用结构均与全流域相差不大,5 个水文参数的数值及其变化特征也与全流域大致相同。2014 年流域内建设用地比例为 24%,略高于全流域,1987～2014 年径流深的变化量为 5.1 mm,也略高于全流域。

济宁城市流域的多年平均降水量为 686 mm,建设用地比例在 3 个时期都是 5 个流域中最大的(分别为 19.3%、22.7%、38.2%)。1987～2014 年,径流深和蒸散发的增加值也最大,分别为 13.2 mm 和 18.2 mm;1987 和 2014 年 LUCC 下径流系数分别为 0.28 和 0.30;其他 3 个参数减少,土壤含水量的减少值最大(8.7 mm),基流和地下水补给量的减少值仅次于蟠龙河,分别为 2.8 mm 和 3.5 mm。两个时期的期间变化与土地利用结构的变化相一致,后一时期明显大于前一时期。

菏泽城市流域的多年平均降水量为 658 mm,各水文参数数值及变化特征与洙赵新河相差不大。

总结:① 1987～2014 年,近 30 年的 LUCC 变化中,各流域用地结构变化最明显的是建设用地比例增加,耕地减少最多,林草地减少次之,对水文参数年变化的影响总体表现为径流深,而基流、地下水补给量和土壤含水量减少,蒸散发在各流域表现不同。其中建设用地

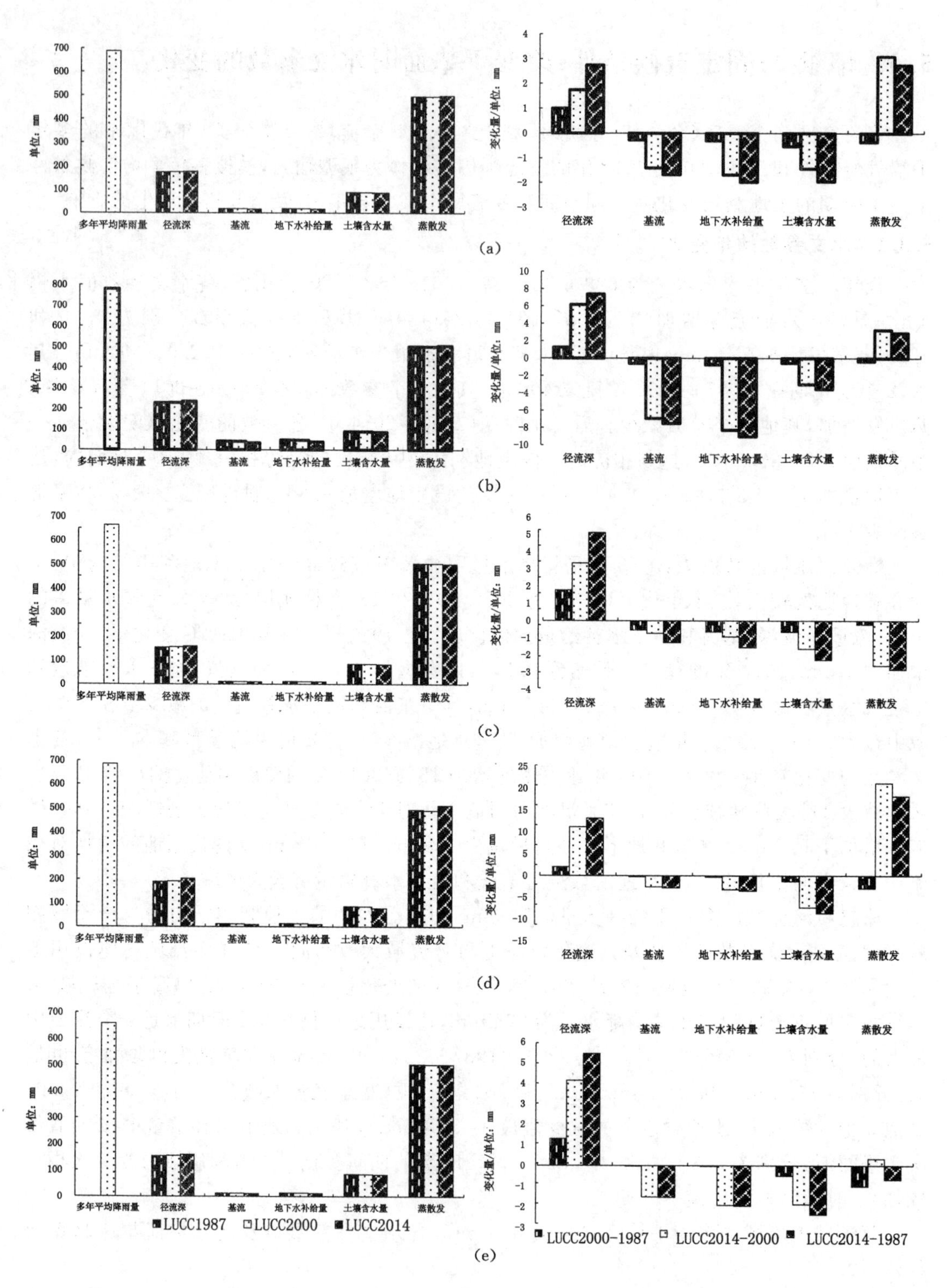

图 5-10　3 期 LUCC 条件下不同流域年际水循环参数及其变化图

(a) 全流域；(b) 蟠龙河流域；(c) 洙赵新河流域；(d) 济宁城市流域；(e) 菏泽城市流域

扩张导致的径流深增加最为明显。② 从更短的时间尺度上，土地利用结构变化幅度对水文参数变化的影响幅度较大，1987～2000 年，各流域总体的土地利用结构变化比较小，水文参数的变化也小；2000～2014 年土地利用结构变化幅度较大，水文参数的变化也大。③ 土地利用结构对水文参数的影响特征和规律仍然受降水量多少的控制，降水量多的小流域，各水文参数尤其是径流深的绝对值明显偏大，而建设用地比例的增加使得径流系数明显增加。

5.3.2　水文参数的月变化

全流域多年平均降水量为 688 mm，降水集中在 6～9 月，占全年降水的 70%，其中 7～8 月占 48%。在气候输入不变、LUCC 变化的背景下，全流域水文参数月尺度的变化特征为（图 5-11）：

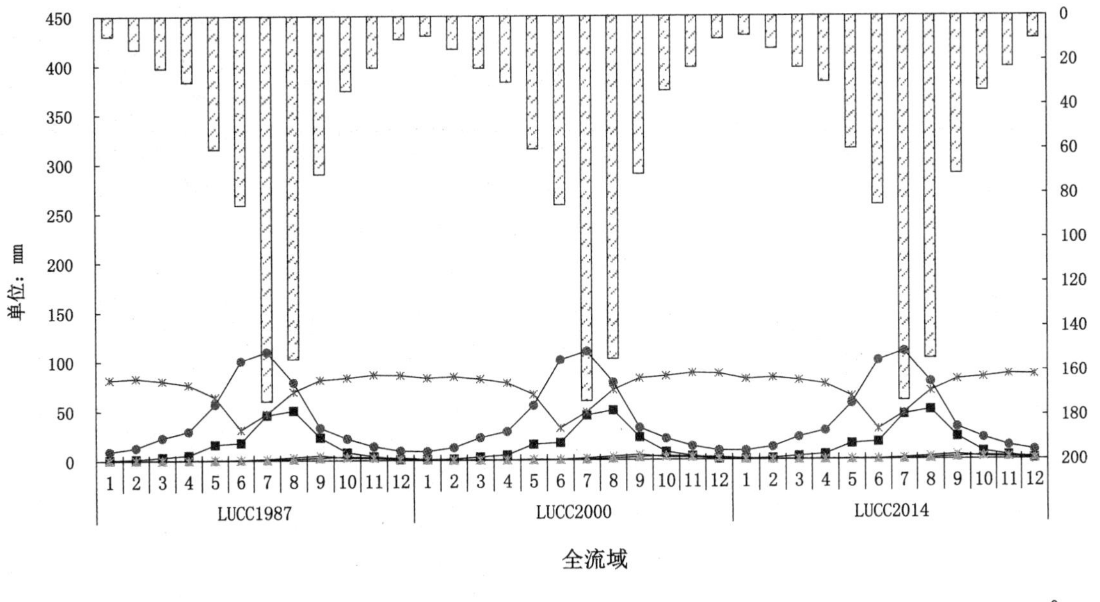

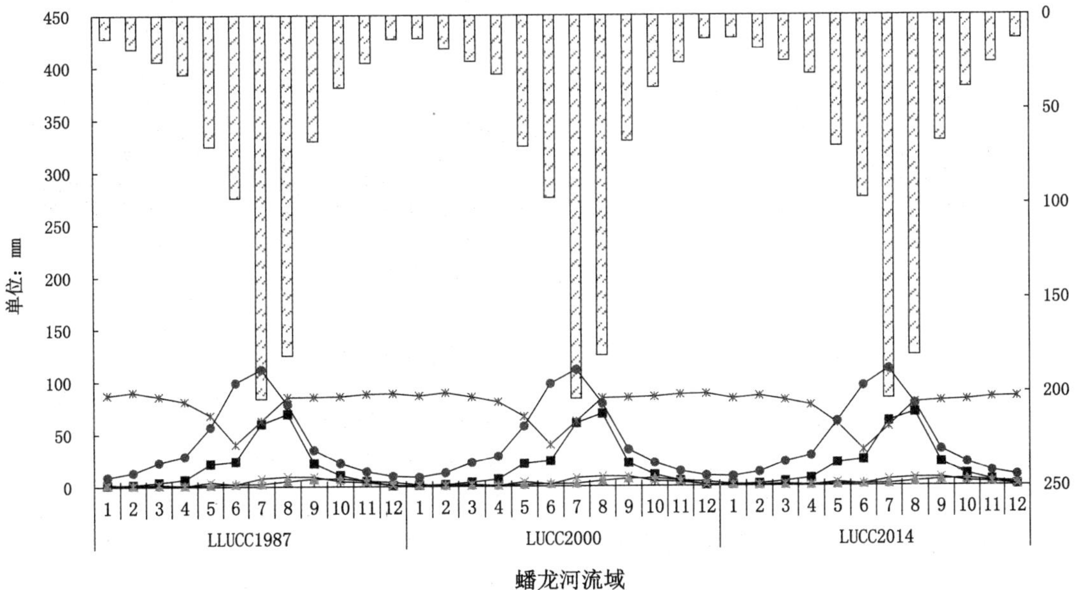

图 5-11　3 期 LUCC 条件下不同流域月水循环参数及其变化图

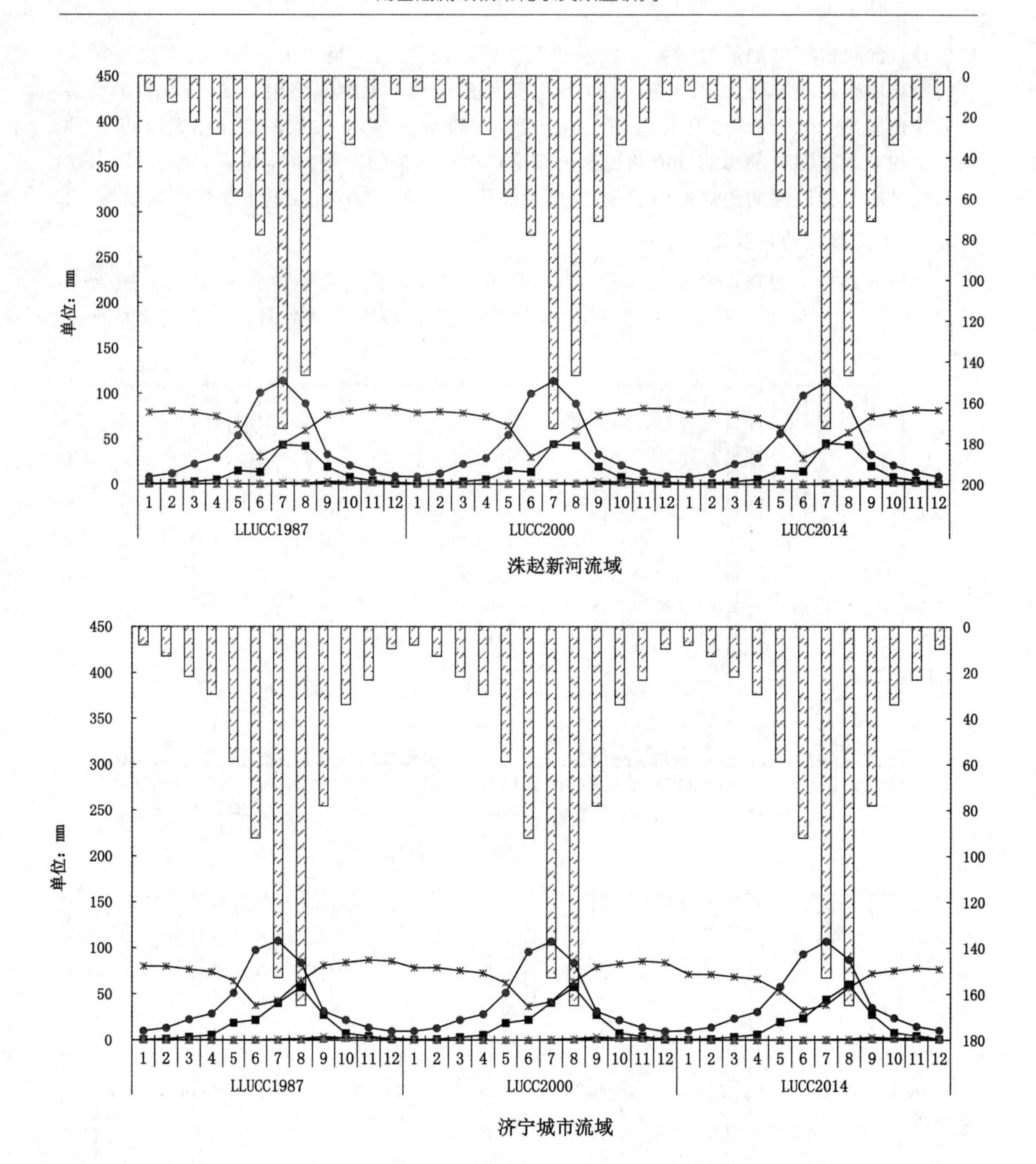

续图 5-11　3 期 LUCC 条件下不同流域月水循环参数及其变化图

(1) 3 种 LUCC 条件下各水文参数的月份变化不大。径流深的高值月份与降水量基本同期，也集中在 6～9 月，6～9 月的径流深占全年径流深的比例均为 78%，7～8 月均为 54%；低值月份为 11 月到次年 2 月。降水量的最大值为 7 月，最小值为 1 月，径流深的最大、最小值分别为 8 月和 2 月，滞后降水一个月。基流的低值出现在 3～4 月，大值为 10～11 月。地下水从 7 月到 11 月保持较大值，12 月到次年 6 月较小。土壤含水量在 6～8 月较小，6 月份最小，其余月份差别不大。蒸散发在 6～7 月为大值，12 月到次年 1 月为小值。

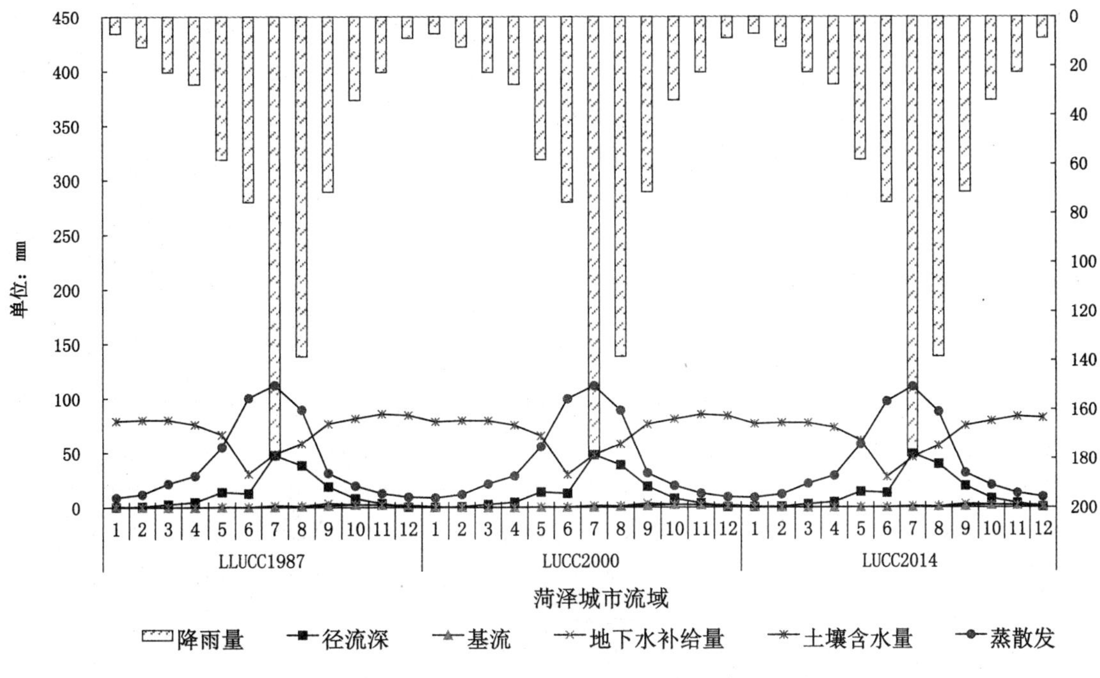

续图 5-11　3 期 LUCC 条件下不同流域月水循环参数及其变化图

(2) 各参数最大月与最小月的差额受 LUCC 变化的影响也不大。1987 年 LUCC 条件下,径流深、基流、地下水补给量、土壤含水量、蒸散发的月高位和低位相差分别为 49.1 mm、3.6 mm、5.1 mm、55.7 mm、100.3 mm,2014 年 LUCC 条件下分别为 49.6 mm、3.3 mm、4.8 mm、55.6 mm、100.7 mm。其中径流深和蒸散发的月差额增加,其他 3 个参数减少,但总体变化不大。

(3) 各参数的月变化趋势不同。1987～2014 年,径流深在 12 个月都为增加趋势,其中 6、8 月增加最多(分别为 0.83 mm、0.51 mm),7 月增加比例为1.9%;基流、地下水补给量、土壤含水量 12 个月都为减少趋势;蒸散发 6、7 月份减少,其他月份增加。1987～2000 年、2001～2014 年两个时间尺度内各参数的变化趋势和年变化一致,后一时期的变化幅度大于前一时期。

从子流域空间尺度看(图 5-11),蟠龙河流域多年平均降水量为 780 mm,降水集中在 6～9 月,占全年降水量的 70%,7～8 月占 49%。流域的建设用地在 2000～2014 年间增加了 15%。水文参数的变化特征为:① 受降水量的影响,流域径流深、基流、地下水补给量和土壤含水量的各月数值均高于其他流域,尤其是大值月份,数值明显高于其他流域,1987 年和 2014 年 8 月份径流系数分别为 0.38 和 0.39。② 随着土地利用结构的变化,6～8 月径流深的占比增加明显,其他参数的月份变化不大。③ 3 种 LUCC 条件下,径流深的高值月份同样集中在 6～9 月,6～9 月径流深的占比均为 77%,但 7、8 月的所占比重之和逐渐增加,分别为 49%、57%和 56%;径流的最小值依然为 11 月～次年 2 月。基流的高值月为 9～10 月,1～5 月为低值期。地下水含水量 6～11 月较大,且期间各月的值明显高于其他 4 个流域。土壤含水量 6～8 月较小,6 月最小,其余月份差距不大。蒸散发以 7 月为高峰值,其他各月基本呈正态分布。④ 土地利用结构变化对基流和地下水含水量的月差额影响较大,建设用地比例增加越多,基流和地下水含水量月差额减少的幅度越大。1987 年 LUCC 条件下,径流深、基流、地下水补给量、土壤含水量、蒸散发的月高位和低位相差分别为 68.2 mm、6.6 mm、8.7 mm、50.2 mm、102.6 mm,2014 年 LUCC 条件下分别为 69.0 mm、5.4 mm、7.3 mm、50.0 mm、102.8 mm。⑤ 各参数的月变化趋势和全流域大致相同。同年变化特征相似,洙赵新河流域各参数的月变化特征也和全流域基本一致。降水集中在 6～9 月,径流深也集中在 6～9 月,占比为 77%,7～8 月的占比为 56%。各水文参数的月份变化不大;最大月与最小月的差额也变化不大;径流深各月都增加,基流、地下水补给量、土壤含水量各月都减少,蒸散发减少的月份比较多,3、4、6～9 月减少,其余约增加,但变化幅度均不大。2001～2014 年间各参数的变化幅度均大于 1987～2000 年间。

济宁城市流域 2000～2014 年建设用地增加 15.5%,和蟠龙河流域相近。水文参数的月变化也表现出和蟠龙河流域相一致的特征:① 3 种 LUCC 条件下,7～8 月径流深的占比约为 52%,1987 年和 2014 年 8 月的径流系数分别为 0.35 和 0.37,径流系数的变化幅度大于蟠龙河流域。② 3 个时期各水文参数的月份变化不大。③ 径流深最大月与最小月的差额增加了 3.1 mm(1987 年和 2014 年分别为 56.8 mm 和 59.9 mm),其余参数的差额均有所减小,基流、地下水补给量、土壤含水量、蒸散发分别减少了 0.6 mm、0.9 mm、3.8 mm、1.6 mm。④ 各参数的变化趋势也为径流深各月增加;基流、地下水补给量、土壤含水量各月减少,但土壤含水量的减少幅度明显大于其他 4 个流域,基流的减少次于蟠龙河而大于其他 3 个流域;蒸散发除了 6 月外其他 11 个月都为增加趋势,增加的额度也明显高于其他流域。

菏泽城市流域各参数的变化特征与洙赵新河流域和全流域基本相同。

5.3.3 径流的空间变化

多年平均气候条件下,全流域降水分布特征与情景 1 中各年代的降水分布相类似,也呈现南北高、中间低,湖东山丘区大于湖西平原区的格局。尽管流域 1987、2000、2014 年的土地利用情况有所变化,但三个时期的径流深在空间分布上仍呈现出与降水大体一致的分布格局。

1987 年流域城市化整体水平低,土地利用结构中以耕地为主,占 77%,建设用地占 14%,径流深的空间分布格局与情景 1 中 1981～1990 年气候条件下相类似,只是在具体数值上略有差别,总体上多年平均降水量大于 1981～1990 年的降水量,而各流域的径流深值也相应大。

2000 年的 LUCC 与 1987 年相比略有变化(图 5-12),主要表现为建设用地增加和耕地的减少。建设用地增加了 345.4 km^2,占比达到 16%,其中城镇建设用地增加 141.4 km^2,农村居民点建设用地增加了 197 km^2,增加的建设用地主要由耕地转换而来。土地利用变化使得流域总径流深增加了 1 mm,径流深的分布总体上延续了 1987 年的格局。局部差异表现为湖西中部地区的径流深最小值范围有所扩大,且径流深由 129.7 mm 增加至 132 mm。建设用地每增加 1%(约 34.8 km^2),径流深增加 0.06%(约 1.7 mm)。

与 2000 年相比,2014 年建设用地有较大幅度的增加,增加了 1 159.1 km^2,占流域总面积的 21%,其中城镇建设用地增加了 914 km^2,农村居民点建设用地增加了 65 km^2。耕地、林地、草地分别减少了 714.8 km^2、204.4 km^2、317.5 km^2(图 5-12)。土地利用变化使得流域总径流深增加了 1.8 mm。径流深的分布仍然为"南北高、中间低"的格局,局部差异表现为湖西梁济运河与洙赵新河的上游出现局部地区径流深增大的变化情况，其中最小值区域的径流深增加不明显，仅增加了 0.06 mm。建设用地每增加 1%（约 38.2 km^2），径流深增加 0.03%（约 1.8 mm）（表 5-8）。

表 5-8　单位建设用地增加导致的径流深变化

流域名称	流域面积/km^2	建设用地比例/城市建设用地比例/%			径流深增加量(1987～2014)/mm	
		1987 年	2000 年	2014 年	建设用地每增加 1 km^2	建设用地每增加 1%
全流域	24 258.00	14.33/1.35	15.78/1.93	20.54/5.70	0.002	1.74
蟠龙河流域	292.00	16.47/4.04	17.11/5.59	32.40/17.76	0.166	2.27
洙赵新河流域	2 135.08	14.98/1.66	16.92/2.18	23.51/8.06	0.036	1.54
济宁城市流域	476.08	19.32/6.46	22.70/10.14	38.20/23.28	0.178	1.90
菏泽城市流域	494.68	16.44/0.84	17.41/1.44	26.26/9.66	0.124	1.53

小流域尺度上能细微地表现土地利用对径流影响的空间差异。

蟠龙河流域位于湖东低山丘陵地区，三种土地利用情况下各类用地所占比例也不同，其中耕地（59%、58%、47%）、草地（20%、20%、16%）减少，建设用地（16%、17%、32%）增加。相较于 1987 年 LUCC 条件下，2014 年 LUCC 时期流域总的建设用地增加了 46.5 km^2，其中城市建设用地增加了 40.1 km^2，农村居民点建设用地增加了 9.1 km^2。由图 5-12 可知，流域中下游的枣庄市薛城区、任城区的城区面积分别向东北、西南方向蔓延扩张，二者越过地势较高的残丘地区而相连。2014 年 LUCC 下建设用地大幅扩展的子流域的径流深明显增大。建设用地扩展的区域在地形上是低岗残丘区，径流系数本身比较大，2000 年 LUCC 条件下为 0.29～0.31，用地类型的改变使径流系数增长到 0.34～0.36。1987～2014 年期间，蟠龙河流域建设用地每增加 1%（约 0.5 km^2），径流深增加 0.03%（约 2.3 mm）。

1987～2014 年，洙赵新河流域的土地利用变化主要发生在流域西南部的市区和东北部的巨野县和嘉祥县县城所在地城镇范围的扩张。流域总的建设用地增加了 182.0 km^2，其中城市建设用地增加了 136.6 km^2，农村居民点建设用地增加 23.4 km^2，增加的建设用地主要来源于耕地和林地的减少（分别减少了 138.5 km^2、27.1 km^2）。径流深的空间变化主要发生在建设用地扩张的区域，建设用地增长区的径流深增加了 31 mm（1987、2014 年径流深分别为 165.9 mm、196.9 mm），径流系数增加了 0.01（1987、2014 年径流系数分别为 0.25、0.26）。洙赵新河流域建设用地每增加 1%（约 3.2 km^2），径流深增加 0.06%（约 1.5 mm）。

菏泽城市流域三期的土地利用变化主要发生在流域中游南部的菏泽市区，1987～2014 年 LUCC 条件下，建设用地增加了 49 km^2，其中城市建设用地增加了 43.7 km^2，农村居民点建设用地减少了 0.3 km^2，增加的建设用地主要来源于耕地和林地的转换。径流深的空间变化同主要发生在建设用地扩张的区域，建设用地增长区的径流深增加了 15.8 mm（1987、2014 年径流深分别为 156.3 mm、172.1 mm）（图 5-13），径流系数增加了 0.02（1987、2014 年径流系数分别为 0.24、0.26）。菏泽城市流域建设用地每增加 1%（约 0.8 km^2），径流深增加 0.06%（约 1.5 mm）。

济宁城市流域是所选流域中城市化最高、建设用地比例最大的流域。由图 5-13 可知，

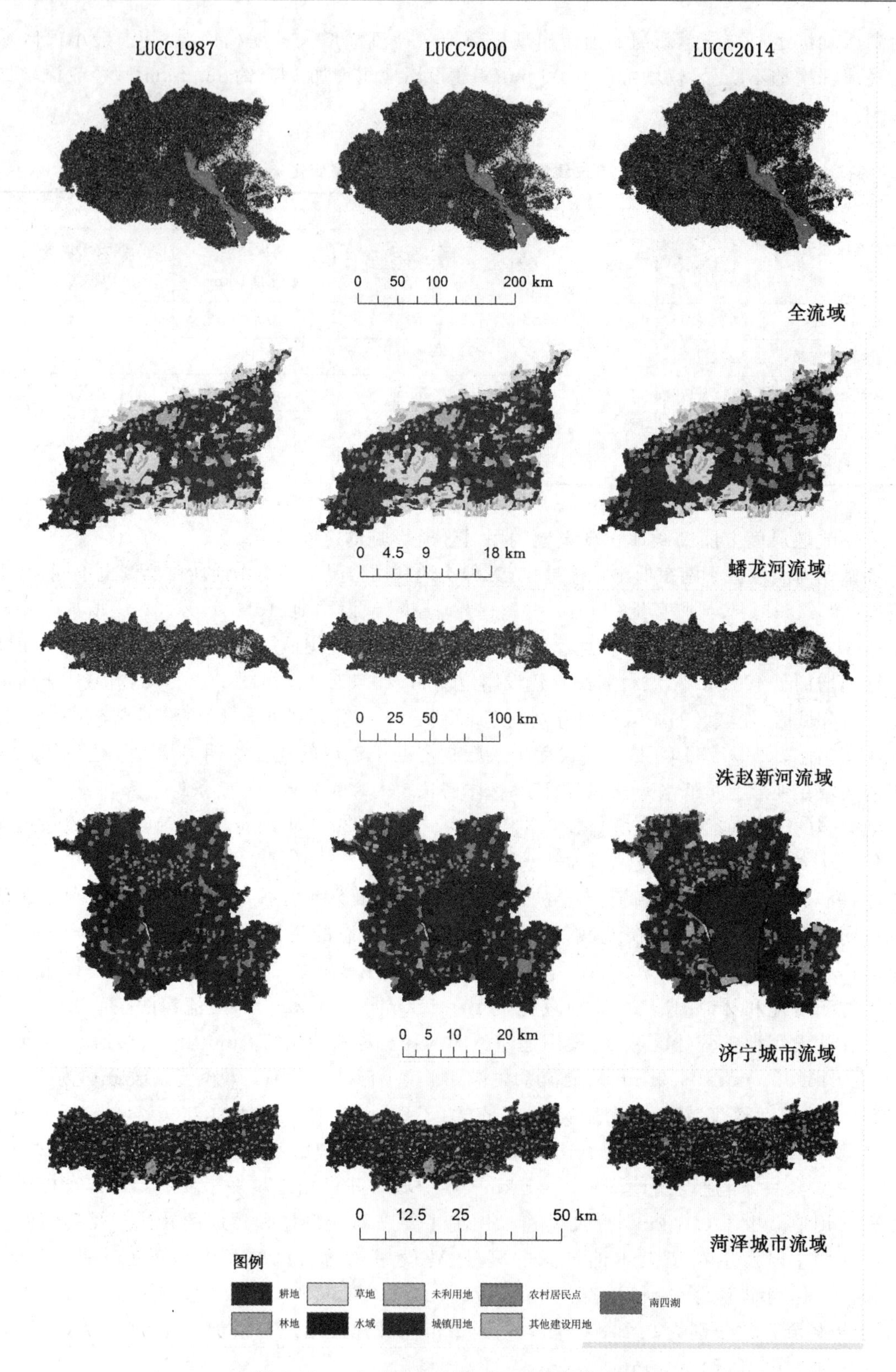

图 5-12　3 个时期各流域 LUCC 空间分布图

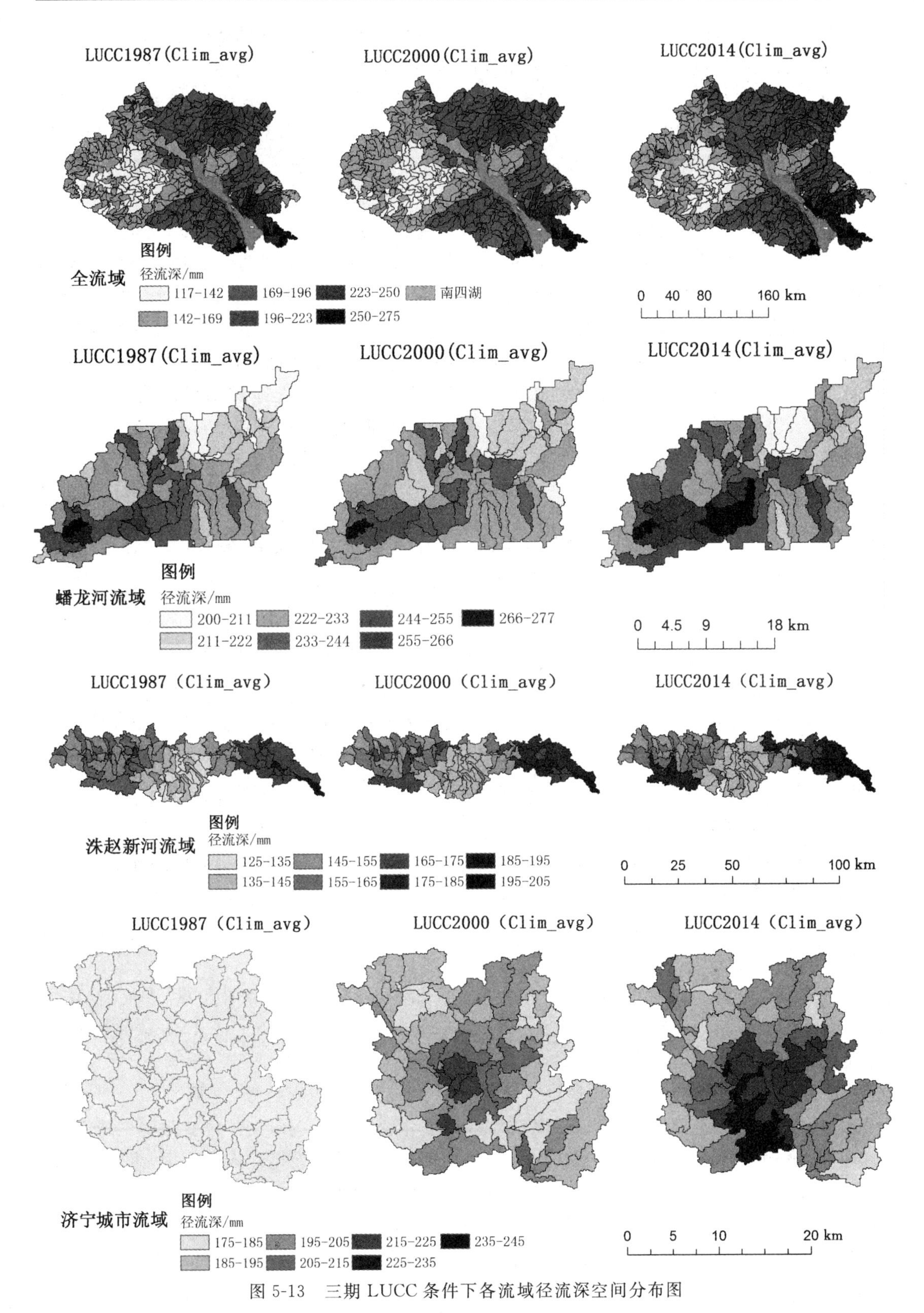

图 5-13 三期 LUCC 条件下各流域径流深空间分布图

流域1987年径流深值为175～185 mm，径流系数为0.26～0.34，空间分布均匀；2000年，流域中游出现径流深高值集中区，该区域径流深约为207.07 mm，径流系数为0.3；2014年径流深的高值区继续向中游两边和下游扩张，该区域径流深达到216 mm，径流系数为0.32。三个时期的LUCC中建设用地分别增加了16.1 km^2、73.9 km^2、89.9 km^2，1987～2014年期间，城市建设用地增加了80.1 km^2，农村居民点建设用地增加了0.2 km^2，增加的建设用地主要来源于耕地。空间上，建设用地的扩张区与径流深的扩张区相对应。1987～2014年期间，流域建设用地每增加1%(约0.9 km^2)，径流深增加0.07%(约1.9 mm)。

总结：① 在全流域尺度上，降水空间差异较大，径流的空间格局总体受降水空间差异的影响，土地利用变化会在局部改变径流的空间布局。② 在小流域尺度上，降水空间差异较小，由城市化主导的土地利用变化对径流空间分布的影响较大。各小流域径流深增加的区域与建设用地的扩张区相对应。③ 下垫面变化对水文参数的影响与流域空间大小、流域用地结构有较大的关联性。④ 建设用地增长与径流深增长之间不是单纯的线性关系，受流域降水特征、建设用地比例和变化幅度的影响，不同流域每单位建设用地增长导致的径流深的变化值不同。

5.4 情景3：气象因子、下垫面状况均改变时水文参数的变化

将三期土地利用和各自对应年代的气象条件作为模型输入，即分别将1987年LUCC、1981～1990年气象条件，2000年LUCC、1991～2000年气象条件，2014年LUCC、2001～2011年的气象条件作为模型输入，模拟气象和下垫面条件同步变化时对不同空间尺度流域水文参数产生的影响。本节将三种土地利用(气象)条件的输入简称为：LUCC 1987(Clim1980s)、LUCC 2000(Clim1990s)、LUCC 2014(Clim2000s)。研究的空间尺度依然为全流域、子流域、城市流域三个尺度5个流域。

5.4.1 水文参数的年变化

各个流域三种输入条件的共同特点为：流域年代平均降水量为增加趋势，土地利用变化主要为建设用地增加和耕地、林地、草地的减少。

各流域水循环参数变化如图5-14所示。5个不同空间尺度、不同建设用地比例的流域表现出的共同特征为：

(1) 随着降水量和土地利用结构的变化，径流深、蒸散发、地下水补给量、基流、土壤含水量5个参数均呈现增加趋势，增加值依次为81 mm、59 mm、12.5 mm、10 mm、4.7 mm。径流深的变化量最大，土壤含水量最小。

(2) 水文参数的变化幅度与情景1相似，而大于情景2的变化幅度(见图5-5、图5-10、图5-14)。表明20世纪80年代以来全流域气候变化仍然是影响水文参数变化的主要因素。相对于气候条件，下垫面特征对水文参数的影响较小。流域建设用地的变化中，尽管城市建设用地比例增加幅度较大，但各流域的城市建设总体比例小(表5-9)，农村居民点占到建设用地的68%，仍然是建设用地的主力军。且建设用地的扩展类型均为中低速扩展，目前城市化的发展水平为中、低度。斑块小而分布比较分散是农村聚落的基本特征，这也是南四湖流域下垫面特征对水文参数总体影响较小的原因。

(3) 情景3中LUCC 2014(Clim2000s)～LUCC 1987(Clim1980s)与情景1中LUCC 2000(Clim2000s)～LUCC 2000(Clim1980s)的各水文参数值相比，前者径流深、蒸散发的变化值分别81.1 mm、58.8 mm，后者的变化值为78.7 mm、55.6 mm。即前者的径流深和蒸散发的变化值大于后者，而基流、地下水补给量和土壤含水量的变化值小于后者。

表5-9　　各流域建设用地扩展强度指数

	年份	全流域		蟠龙河流域		洙赵新河流域		济宁城市流域		菏泽城市流域	
		城市建设用地	农村建设用地	城市建设用地	农村建设用地	城市建设用地	农村建设用地	城市建设用地	农村建设用地	城市建设用地	农村建设用地
建设用地面积	1987	326.36	3 111.16	11.81	29.71	35.40	278.98	30.74	59.90	4.15	76.87
	2000	467.71	3 308.12	16.33	27.05	46.61	308.62	48.27	57.67	7.13	78.71
	2014	1 381.71	3 373.16	51.86	38.76	172.03	302.40	110.83	60.13	47.79	76.53
扩展强度指数	1987～2000	0.04	0.06	0.12	−0.07	0.04	0.11	0.28	−0.04	0.05	0.03
	2000～2014	0.27	0.02	0.87	0.29	0.42	−0.02	0.94	0.04	0.59	−0.03
	1987～2014	0.16	0.04	0.51	0.11	0.24	0.04	0.62	0.00	0.33	0.00
扩展类型	1987～2000	缓慢	缓慢	缓慢	倒退	缓慢	缓慢	低速	倒退	缓慢	缓慢
	2000～2014	缓慢	缓慢	中速	低速	低速	倒退	中速	缓慢	中速	倒退
	1987～2014	缓慢	缓慢	低速	缓慢	缓慢	缓慢	中速	缓慢	低速	缓慢

注：建设用地的扩展强度指数指单位时间内建设用地扩展幅度。其类型划分为缓慢(＜0.28)、低速(0.28～0.56)、中速(0.56～1.05)、快速(1.05～1.95)和高速扩展(＞1.95)(据陈彦光，2006)

即在气候同等变化的背景下，情景3中LUCC 2014输入条件下由于建设用地面积大、比例高而使得径流深加大，而基流、地下水补给量和土壤含水量减少，蒸散发受气候和下垫面影响的变化情况比较复杂。

(4) 城市建设用地变化比例大的流域径流深的变化量也相对大。济宁城市流域和蟠龙河流域下垫面变化中，城市建设用地增加比例大而呈现面状扩展态势，对水文参数变化量的影响大于其他流域。从流域健康水循环的角度，城市规划的重点在于控制集中连片的城市建成区的扩张，从农村居民点用地得到的启示是，规模小而被生态型(耕地、林草地)用地所包围的城市建成区是较好的选择。

5.4.2　水文参数的月变化

全流域降水的三个年代平均分配特征基本一致，汛期(6～9月)降水占全年的比重为67%～75%，其中7、8月份降水量最大，12月到次年2月降水最少。1981～2011年，随着总降水量的增加，汛期及7、8月份的降水量也呈不同程度的增加(图5-15)。

各参数的年内分配特征(见图5-16)类似于情景1、2，径流、蒸发和土壤含水量受降水月份特征的影响较大，基流和地下水补给量受降水影响不大。径流、蒸散发月份的高低值与降水的特征一致，而土壤含水量与降水的月高低分配相反。

受降水增加和LUCC变化的影响，LUCC 1987(Clim1980s)～LUCC 2014(Clim2000s)，各参数的月均值都相应增大，并且后一期的变化的量大于前一期的变化量。LUCC 2014(Clim2000s)输入条件下，汛期及7、8月的径流深与LUCC 1987(Clim1980s)相比，分

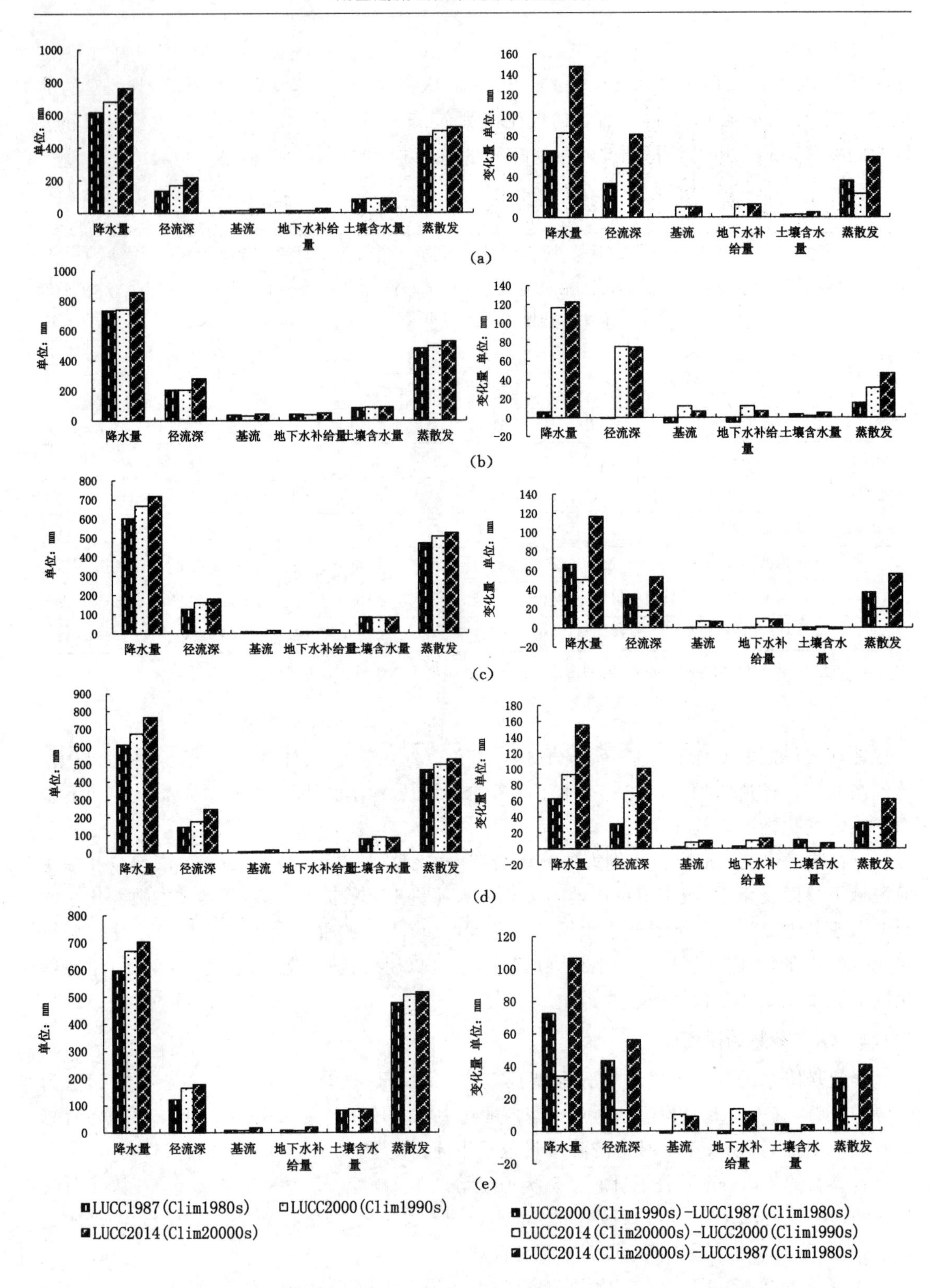

图 5-14 各流域情景 3 下水循环参数年代平均变化

(a) 全流域；(b) 蟠龙河流域；(c) 洙赵新河流域；(d) 济宁城市流域；(e) 菏泽城市流域

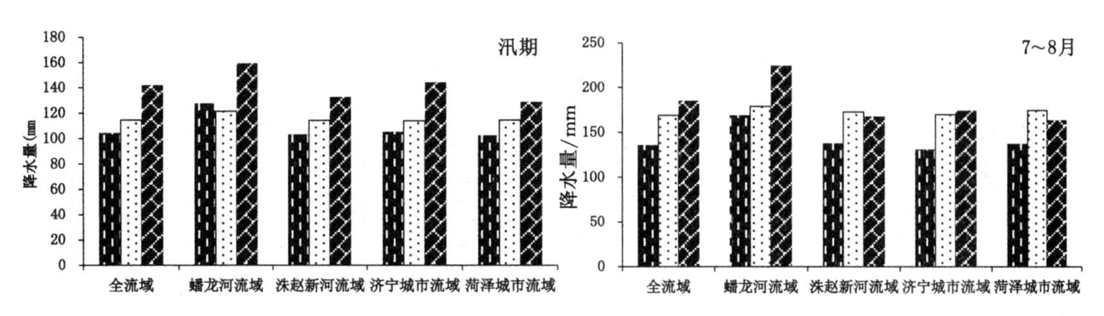

图 5-15　各流域情景 3 下汛期与 7～8 月的降水分布

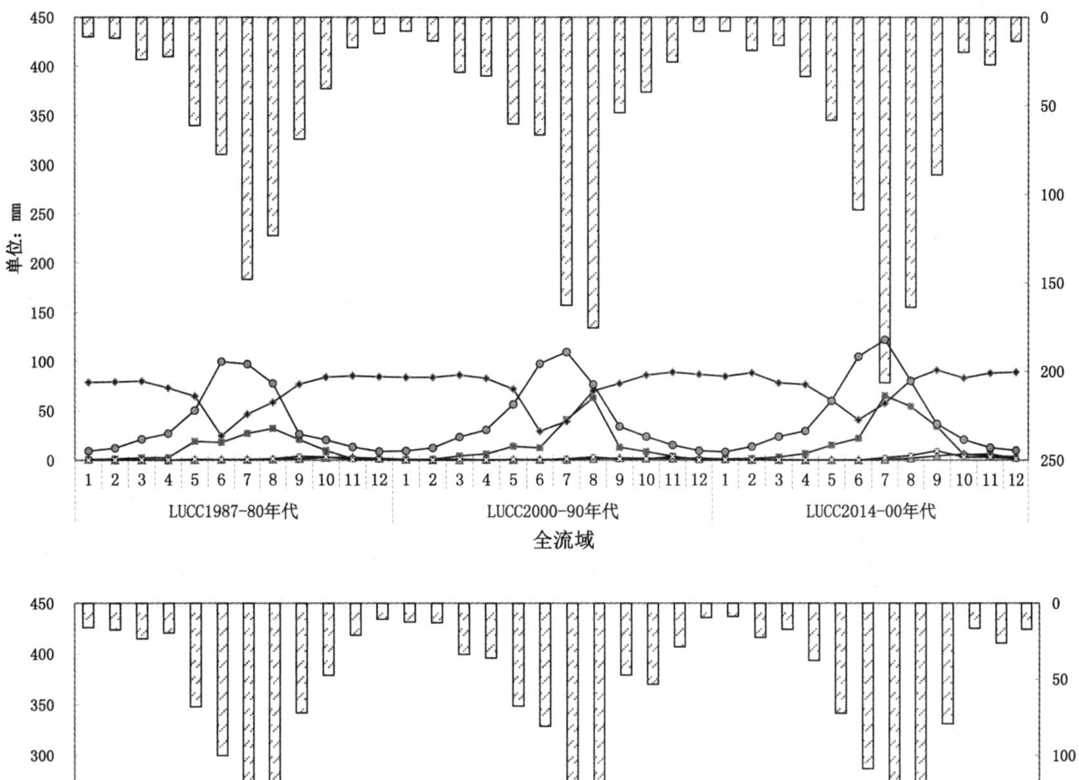

图 5-16　各流域月平均水文参数变化

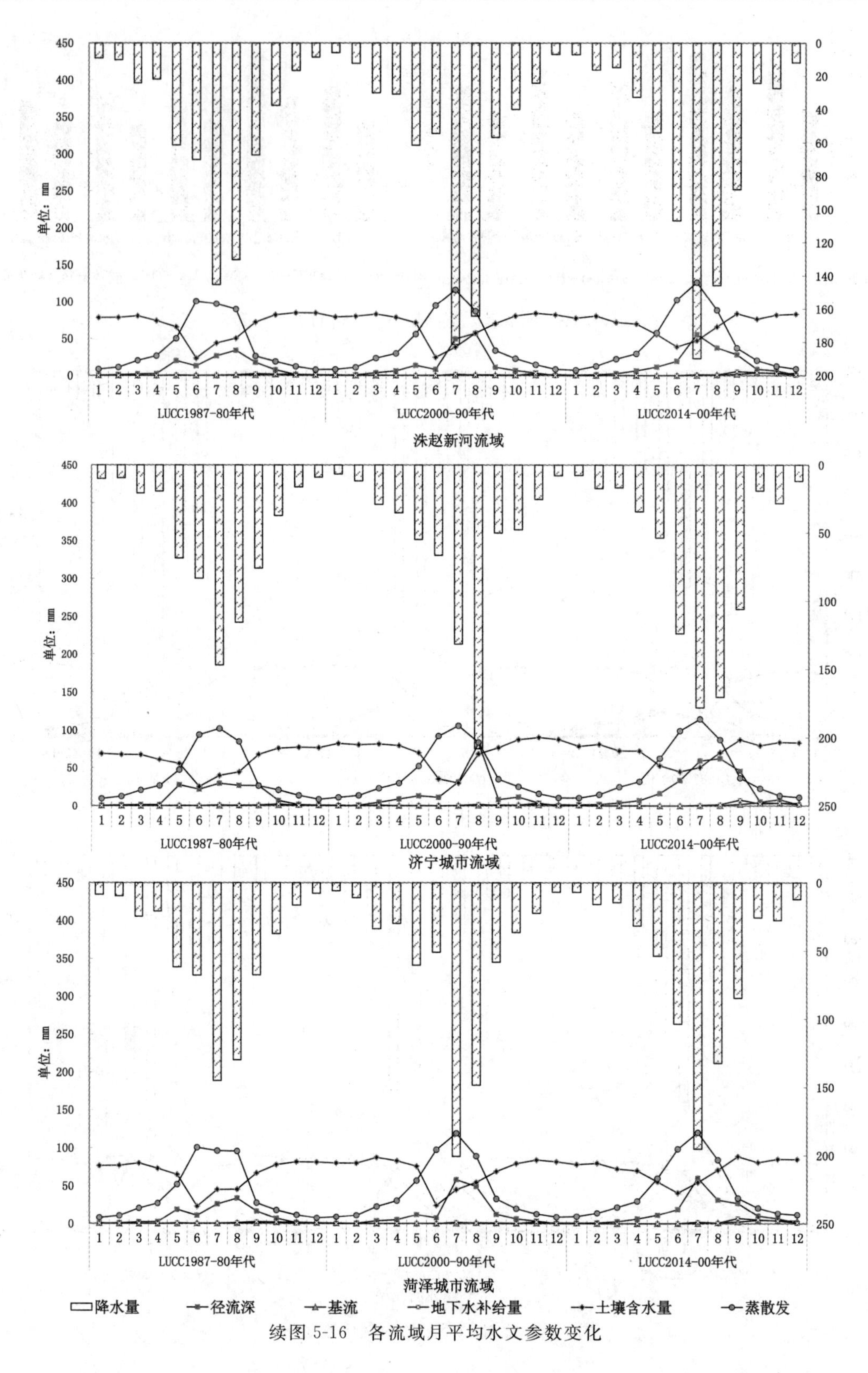

续图 5-16　各流域月平均水文参数变化

别增加了 19.53 mm(80%)、30.31 mm(102%),径流系数的变化与径流深的变化趋势一致,汛期及 7、8 月份的径流系数同比增加 0.06 mm(27%)、0.1 mm(46%)。

小流域尺度,降水和土地利用的变化总趋势和特征类似于全流域,各水文参数的年内分配特征和变化特征也类似于全流域。

蟠龙河流域的总降水量最大,建设用地比例的增加值也大。受降水增加和 LUCC 变化的影响,7、8 月的径流深的变化为 35.78 mm(72%),径流系数的变化为 0.08(26%),蒸散发的变化为 6.51 mm(7%)。

济宁城市流域的年代降水量变化最大(增加了 155 mm),建设用地基期比例最大,增加值也最大。受降水增加和 LUCC 变化的影响,7、8 月径流深的变化为 32.71 mm(117%),径流系数的变化为 0.13(62%),蒸散发的变化为 7.43 mm(8%)。建设用地比例为 22.38% 的水文响应单元上,径流深为 267.67 mm,径流系数达到 0.35。

5.4.3　径流的空间变化

三种气候和 LUCC 输入条件下,径流深呈现明显的时空变化(图 5-17):LUCC 2014(Clim2000s)输入条件下径流深明显大于 LUCC1987(Clim1980s)输入的径流深。三种输入条件下的径流深均为湖东高于湖西,南部大于北部。

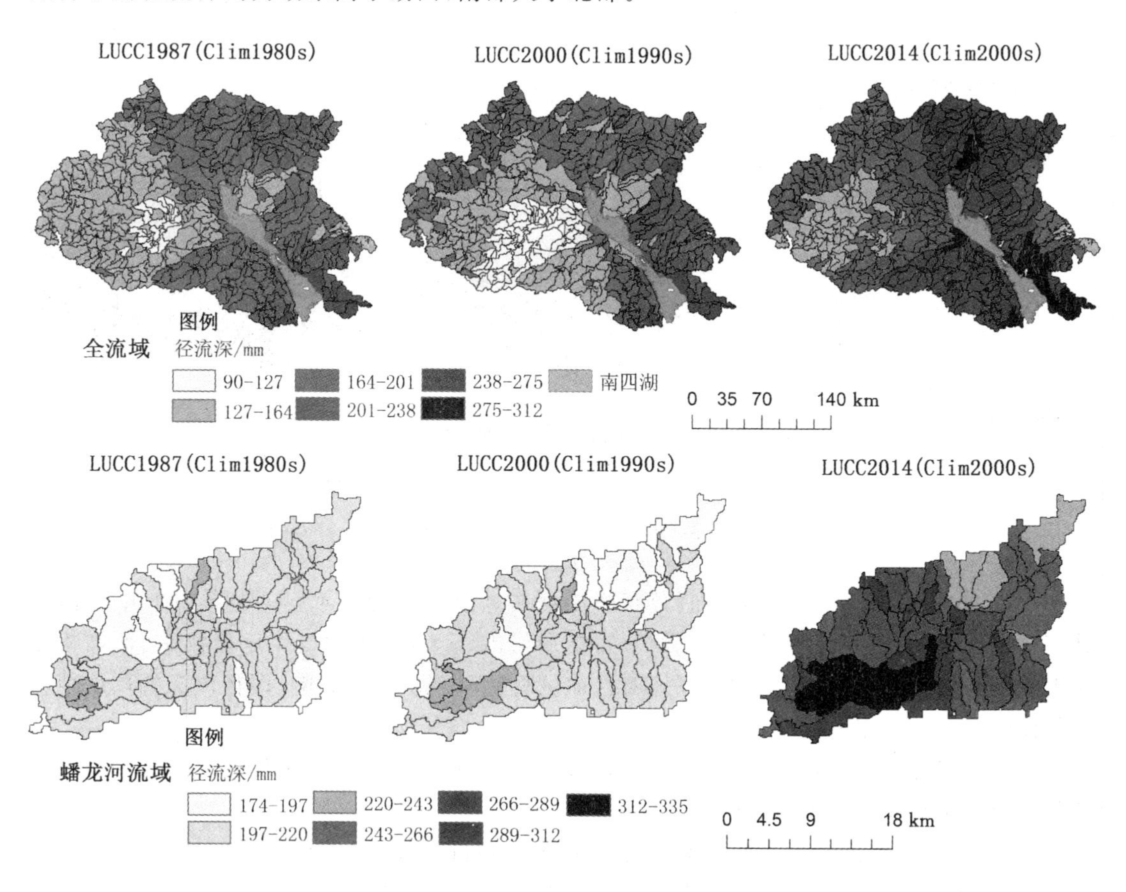

图 5-17　各流域径流深空间分布图

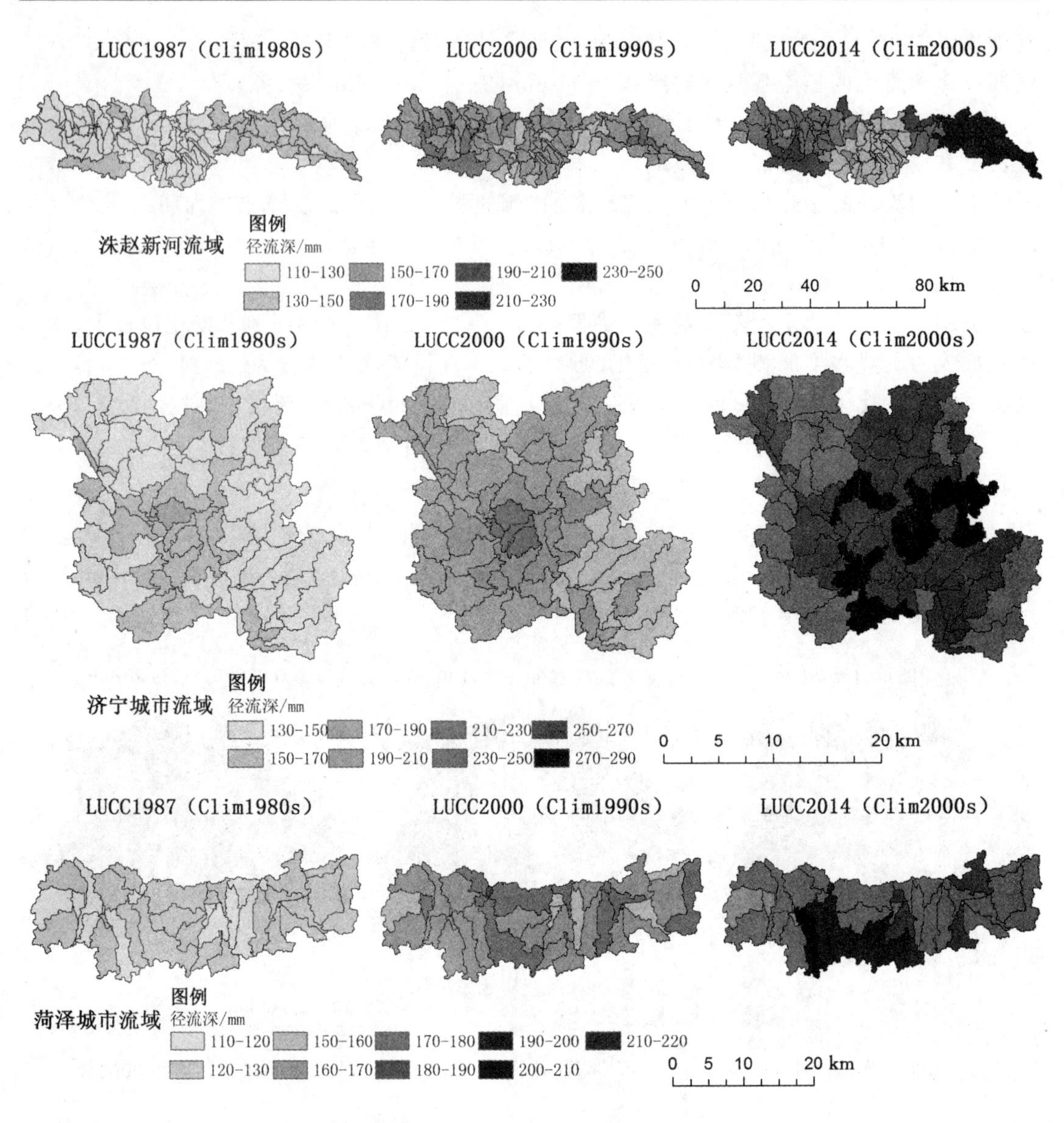

续图 5-17　各流域径流深空间分布图

对于全流域而言，径流深的空间分布格局更多地显示出受降水空间分异的影响。由于城镇建设用地分布零散，对径流深总的分布格局影响不大，而在建设用地比例高、增加幅度较大的水文响应单元尺度上，建设用地对径流的变化呈现较大的影响，即径流深的增加值大于其他的水文响应单元。

小流域尺度，各流域三种输入条件下，流域内部城市建设用地增加较快的水文响应单元的径流深均呈现明显的增加趋势。

将情景1、情景2、情景3中的第三种输入条件进行比较，即2001～2011年的气候输入下，LUCC 2014与LUCC 2000相比，以及LUCC 2014土地利用输入下，Clim2000s与Clim_avg相比，径流深和径流系数的变化见表5-10。① 建设用地的快速增加使得各子流域内部相应的水文响应单元的径流深有较大的增加。如蟠龙河内部最大的水文响应单元径流深增加近 55 mm。② 总体上，气候变化导致的水文响应单元的径流深变化大于建设用地变化导致的水文响应单元的径流深变化（菏泽城市流域除外）。

表 5-10　　各流域径流深、径流系数变化幅度

	(Clim2000s) LUCC2014～LUCC2000		LUCC2014 (Clim2000s)～(Clim_avg)	
	径流深变化幅度/mm	径流系数变化幅度	径流深变化幅度/mm	径流系数变化幅度
蟠龙河流域	54.75	0.06	58.40	0.04
洙赵新河流域	32.10	0.04	51.33	0.04
济宁城市流域	35.59	0.05	87.46	0.08
菏泽城市流域	40.45	0.06	20.26	0.01

总结：气候和下垫面共同影响着流域的径流分布格局。而在不同的流域尺度，气候条件均是影响径流空间布局的大背景，在气候影响的背景下，下垫面条件的差异在局部区域上改变着气候影响下形成的径流格局。尺度越小，下垫面特性的影响越凸显。

5.5　情景 4：基于 CA 的土地利用/覆被模拟及其水文效应

为了更深入地揭示建设用地变化对水文参数产生的影响，基于 CA 模型模拟 2030 年时的城市化进程及其土地利用格局变化。采用模拟后的土地利用结构和多年平均气象条件作为 SWAT 模型输入，模拟建设用地进一步扩张后的水文响应过程。

5.5.1　基于 CA 的土地利用格局模拟

（1）模型定义

土地利用分类图原始数据中，共有 9 种土地利用类型，为简化研究，将土地分类重新分为 2 类用地——建设用地和非建设用地。其中建设用地包括城镇建设用地、农村居民点用地和其他建设用地；剩余类型的用地全部归为非建设用地。

在 CA 模型中，元胞空间为研究区域内的栅格数据，元胞为栅格数据的每一个像元，代表区域内的一个地块。考虑到计算机处理速度的限制，该研究将分类后的土地利用数据以 100 m×100 m 的分辨率进行重采样，分别生成研究区 1987、2000 和 2014 年的土地利用类型栅格单元图。建立模型的目标是研究非建设用地到建设用地的演变过程，因此状态集合定义为 S={建设用地，非建设用地}，反映到数学集合中可表达为 S=(1,0)。模型采用扩展摩尔邻域(5×5)。另外，该模拟假设不发生建设用地向非建设用地转换的情况。

（2）模型转换规则

CA 模型的转换规则是整个模型的核心。该模型的转换规划由 4 个部分组成：全局适宜性部分(S_{ij})、领域作用部分(N_{ij})、约束条件部分(C_{ij})和随机作用部分(V_{ij})。转换潜力 P_{ij} 可以表达为：

$$P_{ij} = S_{ij} * N_{ij} * C_{ij} * V_{ij} \tag{5-7}$$

其中，(i,j)表示位于(i,j)位置中的元胞。

全局适宜性部分采用逻辑回归方程进行表示，利用历史数据对模型的参数进行校正，从而确定在这些全局性因素影响下非建设用地元胞向建设元胞转换的概率值。决定全局适宜性的变量包括元胞与城镇边界的距离（Dis2border）、坡度（Slope）、元胞到主要水系的距离（Dis2water）等。从1987、2000和2014年的土地利用数据提取相对位置的元胞样本，记录其状态的变化（0代表不发生变化，1代表发生变化）。基于逻辑回归模型的全局适宜性转换概率为S_{ij}，表达式如下：

$$S_{ij} = \frac{1}{1+\exp(-\varepsilon)} \tag{5-8}$$

式中，$\varepsilon = \beta_0 + \beta_1 \text{Dis2border} + \beta_2 \text{Slope} + \beta_3 \text{Dis2water}$，$\beta_i$为逻辑回归中各个变量的参数。

邻域作用是CA转换规则的核心部分，在此定义邻域作用值为：

$$N_{ij} = \frac{\sum_{5\times5} \text{con}(A_{ij}=1)}{5\times5-1} \tag{5-9}$$

式中，A_{ij}为元胞的状态变量；con()为条件函数，如果邻域内的元胞为建设用地，则N_{ij}为1，否则为0。

除了受上述两种因素的影响外，城市土地利用转换还受到一些条件的约束，如河流、湖泊、山地等。受数据的制约，该研究考虑了3个限制因素，即河流、湖泊和坡度大于20°的元胞。凡处于约束地内的元胞，其转换概率均为0。

由于城市系统的复杂性和不确定性，其土地利用转换过程受各种政治、随机要素的影响。因此有必要引入随机变量，该随机变量表示为：

$$V_{ij} = 1 + (-\ln(\text{rand}))^{a} \tag{5-10}$$

式中，rand为(0,1)范围内的随机值；a为控制随机变量大小的参数。

在模型运行过程中，设定转换概率阈值$P_{\text{threshold}}$，每次循环将发展概率值与阈值进行比较，若大于阈值则可以转换，否则不转换（郑德本等，2010）。

（3）模拟结果与模型精度评价

基于上述转换规则，模拟了到2030年各流域建设用地中速增长时的土地利用情景，如图5-18、表5-11所示。到2030年，全流域、蟠龙河流域、洙赵新河流域、济宁城市流域、菏泽城市流域建设用地所占比例分别为25.69%、41.22%、28.10%、43.76%、30.95%，较2014年土地利用格局相比，各流域增加4.5%～9%不等，其中蟠龙河增加比例最为显著，达8.82%。

模型评价是检验模型是否准确的关键，通常包括数量检验和格局差异比较。精度检验采用逐点比对的方法进行检验，即将模拟结果与实际结果在GIS软件中叠加，然后逐点比较计算其精度。模型模拟结果总精度达到82.6%。空间格局差异采用Moran I进行检验。Moran I指数可用来描述空间的自相关性，也可表示数值的集中和分散程度。检验结果表明，模拟结果Moran I指数为0.731，实际指数为0.762，两者接近。说明模拟结果和实际空间格局相吻合。综上所述，该CA模型精度较高。

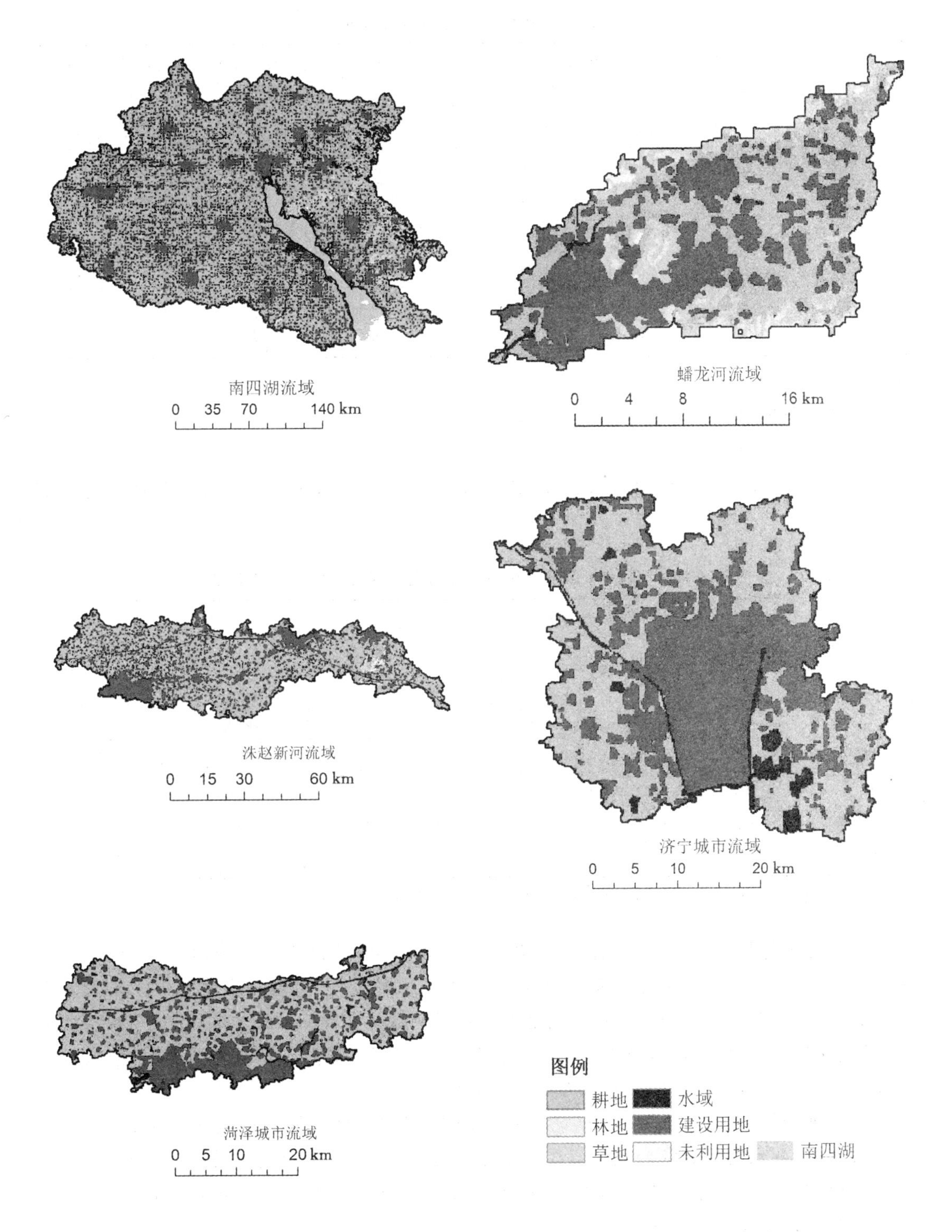

图 5-18　2030 年各流域土地利用/覆被格局

表 5-11　　2030 年各流域土地利用结构表

	全流域（24 258 km²）		蟠龙河流域（292 km²）		洙赵新河流域（2 135.08 km²）		济宁城市流域（476.08 km²）		菏泽城市流域（494.68 km²）	
	面积/km²	比例/%	面积/km²	比例/%	面积/km²	比例/%	面积/km²	比例/%	面积/km²	比例/%
耕　地	16 310.27	67.24	116.20	39.80	1 472.84	68.98	246.00	51.67	326.30	65.96
林　地	266.17	1.10	9.16	3.14	7.15	0.33	0	0	0.09	0.02
草　地	842.81	3.47	41.97	14.37	14.07	0.66	0.49	0.10	0	0
水　域	558.57	2.30	2.89	0.99	34.76	1.63	21.24	4.46	15.18	3.07
建设用地	6 231.24	25.69	120.36	41.22	599.88	28.10	208.36	43.76	153.11	30.95
未利用地	48.96	0.20	1.41	0.48	6.38	0.30	0	0	0	0

5.5.2　水文参数的变化

（1）水文参数的年变化

与 2014 年 LUCC 输入相比，2030 年 LUCC 输入条件下各流域水文参数的变化见表 5-12。

表 5-12　　各流域 2000～2014 年、2014～2030 年建设用地变化及水文参数变化

流域	2000～2014 年						2014～2030 年					
	建设用地变化比例	径流深	基流	地下水补给量	土壤含水量	蒸散发	建设用地变化比例	径流深	基流	地下水补给量	土壤含水量	蒸散发
全流域	4.78%	1.74	−1.40	−1.67	−1.43	3.10	5.15%	2.86	−0.79	−0.93	−1.36	−1.79
蟠龙河流域	15.29%	6.15	−6.94	−8.29	−3.01	3.26	8.82%	4.69	−4.07	−4.89	−2.00	0.12
洙赵新河流域	6.59%	3.34	−0.73	−0.92	−1.64	−2.62	4.59%	3.29	−0.43	−0.55	−1.25	−3.83
济宁城市流域	15.50%	11.17	−2.61	−3.22	−7.32	21.18	5.57%	1.66	−0.23	−0.35	−1.40	−6.16
菏泽城市流域	8.84%	4.13	−1.51	−1.92	−1.88	0.33	4.69%	4.29	−0.46	−0.58	−1.11	−5.68

注：建设用地变化比例＝建设用地变化面积/流域总面积；水文参数单位为 mm。

全流域增加的建设用地面积占流域总面积的 5.15%，建设用地比例达到 25.69%。径流深增加 2.86 mm，径流系数增加 0.01，基流、地下水补给量、土壤含水量和蒸散发各减少 0.79、0.93、1.36、1.79 mm。即建设用地增加对径流深有较大的增加效应，同时雨水快速汇集，地面比较干燥，地表覆被较少，对蒸散发有减少的效应（郑璟等，2009）；而林草地的减少，对基流、地下水补给量、土壤含水量有减少的效应。

蟠龙河流域增加的建设用地占流域总面积的 8.82%，建设用地比例达到 41.22%。除了蒸散发外，各水文参数的变化是 5 个流域中变化最大的，其中径流深增加了 4.69 mm，径流系数增加了 0.01，基流、地下水补给量、土壤含水量分别减少了 4.07 mm、4.89 mm、2.00 mm，蒸散发增加了 0.12 mm。

洙赵新河流域内建设用地比例为 28%。径流深、蒸散发的变化量较大，分别为 3.29 mm、−3.83 mm，基流、地下水补给量和土壤含水量小幅减少。

济宁城市流域增加的建设用地面积占流域总面积的 5.57%，占比（43.76%）是 5 个流

域中最大的。径流深增加 1.66 mm，径流系数增加 0.003，蒸散发减少 6.16 mm，减少幅度最大。

菏泽城市流域增加的建设用地面积占流域总面积的 4.69%，径流增加和蒸散发减少的幅度也比较大，变化值分别为 4.29 mm、−5.68 mm。

分析表 5-12，对比分析 2000～2014 年、2014～2030 年两个阶段，发现只有全流域内存在前一个阶段建设用地变化小于后一个阶段，其余 4 个典型流域建设用地变化比例都是前一个阶段大于后一个阶段；同一个流域内，降水量一致，建设用地变化比例大的阶段，5 个水文参数变化量也大，反之则小；在不同流域之间，水文参数受降水量的影响较大，此外建设用地基数大、变化比例大的流域，水文参数变化量较显著。

总结：① 建设用地进一步扩张时水文参数的响应过程明显表现为径流深增加和蒸散发减少。② 土地利用结构对水文参数的影响特征和规律仍然受降水量多少的控制，降水量多的小流域，各水文参数尤其是径流深的绝对值明显偏大，同时建设用地比例的增加使得径流系数明显增加。

(2) 水文参数的月变化

各流域水文参数的年内分配特征与前两个时期相类似。

汛期内径流深值和径流深变化值、蒸散发和蒸散发变化值均为最大；LUCC 2030 输入条件下全流域、蟠龙河流域、洙赵新河流域、济宁城市流域和菏泽城市流域 5 个流域径流深最大值均出现在 7、8 月，最大径流深分别为 51 mm、71 mm、46 mm、61 mm、51 mm，最大径流系数分别为 0.33、0.39、0.27、0.37、0.28，单单以 8 月来看，径流系数变化均为 0；5 个流域蒸散发最大值均表现在 7、8 两个月，与 LUCC 2014 输入条件下作对比，5 个流域蒸散发最大变化值分别为−1.89 mm、−2.82 mm、−2.05 mm、−2.08 mm、−2.54 mm。

(3) 径流的空间变化

全流域尺度，径流深的空间变化更多地表现为围绕县城及市区向外扩张区，径流深相应增加。

蟠龙河流域下游薛城区建设用地面积扩张迅速，中上游由 2014 年密集、规模较小的建设用地逐渐扩大连接成片。流域径流深空间总的分布特征为下游大于上游(图 5-19)。下游薛城区外围的径流系数由 0.33 增加到 0.35；中游的陶庄镇、邹坞镇所在的水文响应单元径流深系数由 0.31 增加到 0.35；上游部分响应单元径流系数也有增加，但变化不显著。

洙赵新河流域建设用地的增加主要集中在上游的菏泽市区、下游的嘉祥县城城市用地的扩张和农村居民点的增加。径流深空间分布总体趋势为东(下游)>西(上游)>中(中游)(图 5-19)。菏泽市区、嘉祥县城所在水文响应单元的径流系数分别达 0.30、0.28，中游的径流系数约为 0.27。

菏泽城市流域建设用地的变化集中在南部菏泽市区和牡丹区的扩张，各县区和镇区的面积也有所扩张。径流深空间分布总体为南部略大于北部。菏泽市区水文响应单元径流深 210 mm，比 2014 年增加了 10 mm，系数值由 0.27 增加到 0.30。

济宁城市流域内大片面积建设用地主要集中在济宁市的任城区内，零星分布的建设用地逐步扩张连接成大斑块。径流深空间分布规律为：下游中部>下游东西两侧，下游>上游。下游水文响应单元径流系数由 0.29 变为 0.31～0.32。

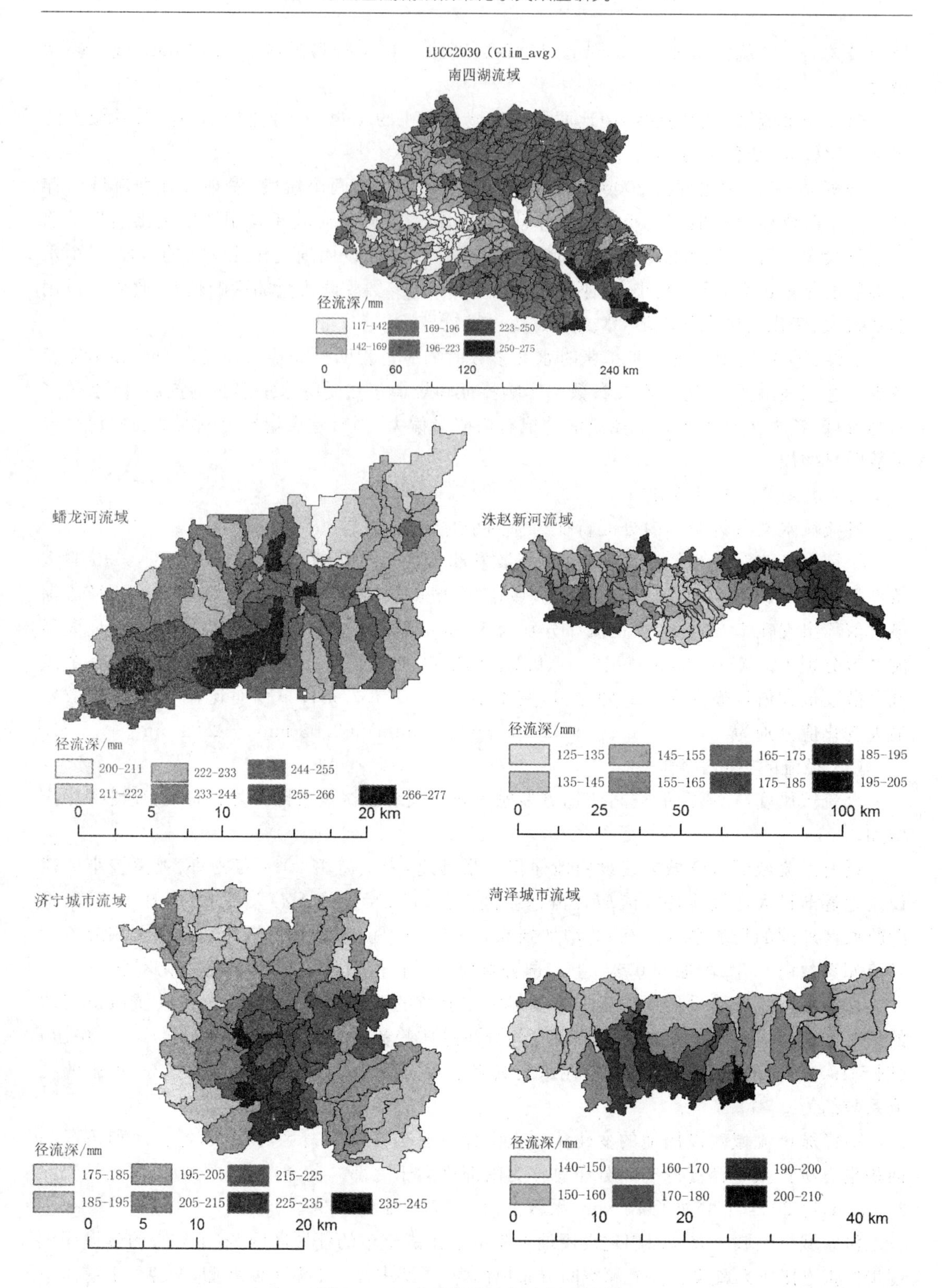

图 5-19　5 个流域径流深空间分布图

5.6　LUCC 水文效应的定量分析

在气候输入均为多年平均条件下，本节设定 3 种土地利用转换情景，以定量评价林草地向建设用地转换、耕地向建设用地转换，以及土地利用转换发生在流域不同的水文区位（上、中、下游）时水文响应过程，为流域合理的土地利用和生态建设提供依据。

5.6.1　情景建立

情景 1(S1)：在 2014 年 LUCC 基础上，将林草地所占比例较高的全流域(6.86%)、蟠龙河流域(23.78%)内高程小于 100 m 的林地、草地全部转为建设用地，其他土地利用方式保持不变，转换后的土地利用情景命名为 a_1。以此为土地利用输入，与 LUCC 2014 输入下的水文参数进行比较，以评价林草地转换为建设用地时的水文响应。

情景 2(S2)：基于 ArcGIS 获得四个子流域 2000～2014 年、2014～2030 年土地利用转移矩阵，使得在这两个时期内，土地利用只发生耕地向建设用地的转换，其他土地利用方式分别与 2000、2014 年保持不变，两期转换后的土地利用情景分别命名为 b_1，b_2。以 b_1、b_2 为土地利用输入，分别与 LUCC 2000、LUCC 2014 土地利用输入相比较，评价不同建设用地比例以及变化幅度下，耕地向建设用地转换对径流深的影响。

情景 3(S3)：基于蟠龙河流域和洙赵新河流域两个子流域 1987～2000 年、2000～2014 年、2014～2030 年的土地转移矩阵，使得耕地向建设用地转换分别发生在上、中、下游，其余空间位置及其用地类型均保持与 1987、2000、2014 年一致，三期转换后的土地利用情景分别命名为 c_1、c_2、c_3。以 c_1、c_2、c_3 为土地输入，分别与 1987、2000、2014 年的土地利用输入相比较，评价流域的不同水文区位（上、中、下游）的耕地向建设用地转换对水文参数的影响。

5.6.2　模拟结果与分析

(1) 情景 1(S1)模拟结果与分析

土地利用转换后，a_1 的土地利用格局见表 5-13 所示。

多年平均气候、a_1 土地利用与 LUCC 2014 输入条件下，土地利用变化及其水文参数值的变化见表 5-14。两个流域水文参数的变化特征为：

① 径流深增加，基流、地下水补给量、土壤含水量、蒸散发减少。

② 两个流域基期林草地比例和变化幅度大小不一，表现出来的水文参数变化也不一致。全流域径流深增加 0.63 mm，而蟠龙河流域径流深则增加了 1.81 mm，其他 4 个水文参数变化值也表现出蟠龙河流域大于全流域。究其原因，发现 S1 情景（a_1 土地利用格局）相比 2014 年土地利用格局，全流域林草地向建设用地转换了 284.52 km^2，但基期林草地多，变化面积占 2014 年林草地面积的 25%；蟠龙河流域转换面积为 55.77 km^2，占 2014 年林草地面积的 38%，即林草地变化幅度的大小直接影响到径流深和其他 4 个水文参数变化值的大小。

③ 单位林草地转换为建设用地导致的径流深变化量不同，林草地覆盖率越高，变化值越大。全流域，林草地向建设用地每转换 1 km^2，径流深值增加0.002 mm；林草地覆盖度较高的蟠龙河流域，林草地向建设用地每转换 1 km^2，径流深增加值为 0.084 mm。

表 5-13　　S1 情景下流域土地利用结构

	全流域(24 258 km^2)		蟠龙河流域(292 km^2)	
	面积/km^2	比例/%	面积/km^2	比例/%
耕　地	17 522.64	72.23	137.14	46.96
林、草地	854.56	3.52	34.33	11.76
水　域	564.80	2.33	3.04	1.04
建设用地	5 266.05	21.71	116.04	39.74
未利用地	50.48	0.21	1.46	0.50

表 5-14　　a_1 与 LUCC 2014 下水文参数变化值　　单位:mm

流域名称	径流深	基流	地下水补给量	土壤含水量	蒸散发
全流域	0.63	−0.49	−0.59	−0.23	−0.37
蟠龙河流域	1.81	−4.89	−5.73	−0.94	−2.31

(2) 情景 2(S2)模拟结果与分析

按照情景 2,转换后四个子流域 b_1、b_2 的土地利用格局见表 5-15,b_1 较 LUCC 2000、b_2 较 LUCC 2014 下水文参数的变化情况见表 5-16。

水文参数的变化特征为:

① 各阶段、各流域的径流深都呈增加趋势,基流、地下水补给量、土壤含水量、蒸散发为减少。

② 四个流域在三个阶段的径流深的增加值均为 2000～b_1＞2014～b_2＞1987～2000,其余 4 个水文参数变化值大小趋势与此相同。三个阶段中,1987～2000 年各流域建设用地基期所占比例最小,转换比例最小,水文参数的变化量也最小;2000～b_1 建设用地基期比例低于 2014～b_2 阶段,但转换比例最大,导致水文参数的变化量也最大;2014～b_2 建设用地比例最大,但转换比例低于 2000～b_1,水文参数的响应也低于 2000～b_1 阶段。b_1、b_2 下,各流域建设用地的比例虽然比较大,但城市建设用地比例仍然比较小。可见,在城市建设用地比例增加到一定的程度(导致水文响应的突变比例)之前,水文响应对建设用地的增加幅度更为敏感,而对基期建设用地比例的响应仍然是累加效应。

表 5-15　　S2 情景下流域土地利用结构

土地利用情景	用地类型	蟠龙河流域		洙赵新河流域		济宁城市流域		菏泽城市流域	
		面积/km^2	比例/%	面积/km^2	比例/%	面积/km^2	比例/%	面积/km^2	比例/%
b_1	耕地	136.84	46.86	1 478.40	69.24	276.35	58.0%	335.31	67.78
	林地	10.07	3.45	34.58	1.62	0.15	0.03	9.01	1.82
	草地	59.39	20.34	22.58	1.06	0.78	0.16	0.54	0.11
	水域	1.53	0.52	33.78	1.58	8.21	1.73	12.72	2.57
	建设用地	82.53	28.26	549.39	25.73	189.69	39.84	137.11	27.72
	未利用地	1.65	0.57	16.36	0.77	0.89	0.19	—	—

续表 5-15

土地利用情景	用地类型	蟠龙河流域		洙赵新河流域		济宁城市流域		菏泽城市流域	
		面积/km²	比例/%	面积/km²	比例/%	面积/km²	比例/%	面积/km²	比例/%
b_2	耕地	114.18	39.10	1 451.40	67.98	242.99	51.04	320.41	64.77
	林地	9.56	3.27	7.52	0.35	—	—	0.10	0.02
	草地	46.21	15.83	14.64	0.69	0.63	0.13	—	—
	水域	3.04	1.04	35.09	1.64	21.51	4.52	15.35	3.10
	建设用地	117.57	40.26	619.90	29.03	210.95	44.31	158.82	32.10
	未利用地	1.46	0.50	6.53	0.31	—	—	—	—

表 5-16　各流域多阶段 LUCC 与水文参数变化值

流域名称	对比阶段	基期建设用地比例/%	建设用地转换比例/%	径流深/mm	基流/mm	地下水补给量/mm	土壤含水量/mm	蒸散发/mm
蟠龙河流域	1987～2000	16	4	1.25	−0.59	−0.74	−0.54	−0.34
	2000～b_1	17	65	4.99	−2.37	−2.90	−2.05	−1.46
	2014～b_2	32	24	4.29	−2.50	−3.06	−1.87	−0.95
洙赵新河流域	1987～2000	15	13	1.77	−0.53	−0.64	−0.64	−0.21
	2000～b_1	17	52	5.98	−0.62	−0.78	−2.52	−6.34
	2014～b_2	24	24	3.95	−0.44	−0.57	−1.43	−4.98
济宁城市流域	1987～2000	19	17	1.99	−0.22	−0.30	−1.34	−2.95
	2000～b_1	23	76	10.72	−2.09	−2.63	−5.89	−6.76
	2014～b_2	38	16	2.19	−0.35	−0.50	−1.90	−5.00
菏泽城市流域	1987～2000	16	6	1.30	−0.02	−0.03	−0.49	−1.01
	2000～b_1	17	59	7.44	−1.06	−1.33	−2.32	−6.74
	2014～b_2	26	22	5.12	−0.51	−0.65	−1.19	−7.75

注：建设用地转换比例＝Δ建设用地面积/基期建设用地面积。

③ 不同建设用地比例和增加幅度下，单位耕地转换为建设用地导致的径流深变化量不同，见表 5-17 所示。

表 5-17　单位面积耕地转化为建设用地径流深的变化量

流域名称	对比阶段	转换面积/km²	径流深增加值/(mm/km²)
蟠龙河流域	1987～2000	1.87	0.67
	2000～b_1	32.56	0.15
	2014～b_2	22.96	0.19
洙赵新河流域	1987～2000	41.41	0.04
	2000～b_1	188.08	0.03
	2014～b_2	118	0.03

续表 5-17

流域名称	对比阶段	转换面积/km^2	径流深增加值/(mm/km^2)
济宁城市流域	1987～2000	16.06	0.12
	2000～b_1	81.63	0.13
	2014～b_2	29.1	0.08
菏泽城市流域	1987～2000	4.82	0.27
	2000～b_1	50.97	0.15
	2014～b_2	28.92	0.18

(3) 情景 3(S3)模拟结果与分析

将蟠龙河流域和洙赵新河流域上、中、下游耕地分别向建设用地转换后的 c_1、c_2、c_3 土地利用/覆被情景输入到SWAT模型中进行模拟，对模型输出的结果进行统计(表5-18)，结合5.2.2中1987、2000、2014年各子流域水文参数模拟值，并重新计算各自流域内上、中、下游径流深值，分析比较 c_1 较1987年、c_2 较2000年、c_3 较2014年LUCC下水文参数的变化情况。表5-18表明：① 径流深等其他3个水文参数受降水影响较大(蒸散发除外)，两个流域降水量表现出蟠龙河流域＞洙赵新河流域，径流深值与此趋势一致。② 当耕地向建设用地转换分别发生在流域的上、中、下游不同空间位置时，蟠龙河流域上、中、下游径流深值均表现出下游＞中游＞上游，而洙赵新河则表现出下游＞上游＞中游的规律，两个流域出现不同规律的原因是：蟠龙河流域低山丘陵分布于流域的南北两侧，上中下游都存在部分低山丘陵，其径流深均会受到其影响，而洙赵新河流域内低山丘陵只分布于流域的中游地区，受地形影响，产流较少。③ 空间转换位置发生在上、中、下游时，受建设用地基期及变化幅度的影响，径流深均呈现 $c_1 < c_2 < c_3$ 的规律性；而其他4个水文参数具有相反的规律。

表 5-18　S3(土地利用 c_1、c_2、c_3)情景下水文参数模拟值　单位：mm

流域名称	空间转换位置	土地利用情景	降水量/mm	径流深/mm	基流/mm	地下水补给量/mm	土壤含水量/mm	蒸散发/mm	上游径流深/mm	中游径流深/mm	下游径流深/mm
蟠龙河流域	上游	c_1									
		c_2	780	228	40	47	88	502	222	226	237
		c_3		235	33	38	85	505	225	233	246
	中游	c_1									
		c_2	780	230	39	46	88	501	219	231	237
		c_3		238	32	37	84	504	223	238	250
	下游	c_1		228	41	47	89	502	219	226	237
		c_2	780	231	39	45	87	501	219	227	244
		c_3		236	33	38	85	504	223	233	250

续表 5-18

流域名称	空间转换位置	土地利用情景	降水量/mm	径流深/mm	基流/mm	地下水补给量/mm	土壤含水量/mm	蒸散发/mm	上游径流深/mm	中游径流深/mm	下游径流深/mm
洙赵新河流域	上游	c_1	664	155	11	11	84	504	155	142	174
		c_2		158	10	10	82	501	160	144	174
		c_3		161	9	9	81	499	162	148	177
	中游	c_1	664	155	11	11	84	504	154	144	174
		c_2		157	10	11	83	502	155	150	174
		c_3		162	9	9	80	498	162	152	177
	下游	c_1	664	154	11	11	84	505	154	142	174
		c_2		156	10	11	83	503	155	144	178
		c_3		160	10	10	81	500	159	148	179

分别分析 c_1、c_2、c_3 土地利用/覆被情景与基准期(1987、2000、2014 年)下水文参数模拟值的变化(表 5-19),发现:不论耕地向建设用地转换发生在哪个空间位置,径流深变化值均为正值,其余 4 个水文参数变化值都为负值,耕地减少,建设用地增加对径流深起正效应,对其他水文参数起负效应。蟠龙河、洙赵新河流域中三个空间转换位置对比 3 个变化阶段,发现径流深及其他 4 个水文参数变化最大值发生在 2000～c_2 阶段或 2014～c_3 阶段,这是因为 2000～c_2 阶段转换面积大,或是因为 2014～c_3 阶段建设用地基期比例最大,转换面积也大。耕地向建设用地转换发生在哪个空间位置,哪个位置的径流深变化值为最大,且变化值一定为正值。

表 5-19　研究区多阶段 LUCC 与水文参数变化值

流域名称	空间转换位置	对比阶段	转换面积/km^2	径流深/mm	基流/mm	地下水补给量/mm	土壤含水量/mm	蒸散发/mm	上游径流深/mm	中游径流深/mm	下游径流深/mm
蟠龙河流域	上游	1987～c_1	0	—	—	—	—	—	—	—	—
		2000～c_2	3.95	0.17	−0.31	−0.33	−0.08	−0.67	1.57	−2.12	1.96
		2014～c_3	4.41	0.56	−0.30	−0.36	−0.30	−0.41	1.22	−0.33	−0.48
	中游	1987～c_1	0	—	—	—	—	—	—	—	—
		2000～c_2	9.71	8.16	−7.54	−9.07	−3.82	−2.47	−0.80	3.02	2.08
		2014～c_3	10.64	3.02	−1.67	−2.03	−1.19	−0.37	−1.00	4.97	3.70
	下游	1987～c_1	1.87	0.45	−0.55	−0.65	−0.32	−0.52	−0.69	−0.85	3.07
		2000～c_2	18.89	2.32	−1.68	−2.00	−1.14	−0.14	−0.81	−1.50	9.22
		2014～c_3	7.91	1.15	−0.65	−0.78	−0.53	−0.23	−1.01	−0.34	3.70

续表 5-19

流域名称	空间转换位置	对比阶段	转换面积/km^2	径流深/mm	基流/mm	地下水补给量/mm	土壤含水量/mm	蒸散发/mm	上游径流深/mm	中游径流深/mm	下游径流深/mm
洙赵新河流域	上游	1987～c_1	17.05	0.39	−0.39	−0.45	−0.23	−1.47	1.81	1.94	−0.25
		2000～c_2	94.5	2.31	−0.36	−0.44	−0.86	−1.37	3.51	0.77	−0.23
		2014～c_3	58.48	1.89	−0.45	−0.56	−0.70	−0.90	5.91	1.64	−0.71
	中游	1987～c_1	20.66	0.52	−0.31	−0.36	−0.36	−1.26	0.92	3.84	−0.25
		2000～c_2	58.41	1.22	−0.09	−0.10	−0.73	−0.60	−1.58	6.91	−0.22
		2014～c_3	39.11	3.14	−0.56	−0.69	−1.23	−2.00	5.91	5.99	−0.71
	下游	1987～c_1	3.7	0.07	−0.27	−0.32	−0.15	−1.79	0.92	1.94	0.09
		2000～c_2	35.17	0.13	−0.12	−0.12	−0.55	−0.50	−1.58	0.77	2.98
		2014～c_3	20.41	0.54	−0.29	−0.35	−0.49	−0.25	2.36	1.64	1.49

结合水文参数变化值和转换面积计算，耕地向建设用地每转换 1 km^2，径流深变化值为：蟠龙河流域转换位置发生在上游时，在三个阶段单位转换面积下，流域径流深值可分别增加 0（1987～c_1 阶段不存在转换）、−0.04 mm、0.13 mm；在中游三个阶段单位转换面积下，流域径流深值可分别增加 0（1987～c_1 阶段不存在转换）、0.10 mm、0.28 mm；在下游三个阶段单位转换面积下，流域径流深值可分别增加 0.24 mm、0.12 mm、0.15 mm。在洙赵新河流域内，转换位置发生在上游时，在三个阶段单位转换面积下，流域径流深值可分别增加 0.02 mm、0.02 mm、0.03 mm；在中游三个阶段单位转换面积下，流域径流深值可分别增加 0.03 mm、0.02 mm、0.08 mm；在下游三个阶段单位转换面积下，流域径流深值可分别增加−0.02 mm、0.004 mm、0.03 mm。

5.7 小　　结

（1）输入条件特征

1981～1990 年、1991～2000 年、2001～2011 年南四湖流域的年代平均降水量呈现增加的趋势，分别为 615 mm、680 mm、762 mm。1987～2014 年，近 30 年的 LUCC 变化中，各流域用地结构变化最明显的是由城市化所主导的建设用地比例增加，而耕地、林草地减少。三种气象条件、三种下垫面条件是模拟的基础输入条件。

（2）水文参数的年际变化

气候变化直接导致了各流域水文参数的年际变化，即各参数的增减趋势与降水量大体一致；各参数对降水的分配比例大致为，蒸散发 68%～75%，径流 22%～28%，土壤含水量 12%～14%，基流和地下水 2%～4%。从参数变化比率上，受气候影响最大的是基流和地下水补给量，其次是径流深。

各流域下垫面变化对水文参数年变化的总体影响为径流深增加、基流、地下水补给量和土壤含水量减少，而蒸散发在各流域表现不同。在更短的时间尺度上，水文参数的变化幅度受土地利用结构变化幅度的影响。

情景3条件下，各流域水文参数的年变化幅度与情景1相似，而大于情景2的变化幅度。表明20世纪80年代以来全流域气候变化仍然是影响水文参数变化的主要因素。相对于气候条件，下垫面特征对水文参数的影响较小。

(3) 水文参数的年内分配

气象变化条件下，水文参数对降水的年内分配不均匀表现出不同的响应特征。径流和蒸散发的月分配额度差异明显，径流深的高、低值期与降水同步，高值出现在6～9月，蒸散发的高值期为6～8月份，低值期为11月～次年2月；基流、地下水补给量和土壤水的年内差异较小。不同的气象条件下各流域水文参数的年内分配特征基本相似。

3种下垫面条件下，各水文参数的年内分配特征类似于气象变化的输入，但各参数的月变化趋势不同。径流深各月都为增加趋势，其中6～8月增加最多，基流、地下水补给量、土壤含水量12个月都为减少趋势；蒸散发6、7月份减少，其他月份增加。两个时间尺度内各参数的月变化趋势和年变化一致，后一时期的变化幅度大于前一时期。径流深和蒸散发最大月与最小月的差额增加，其他3个参数减少，但总体变化幅度不大。各流域的特征基本相似。

情景3条件下，流域水文参数的年内分配特征类似于情景1、2，但各月的变化幅度受到降水和建设用地的共同影响。

(4) 径流的空间变化

三个时期的气候条件下，南四湖流域径流深的空间分布与变化格局总体上表现出与降水量一致的特征，即呈现"湖东大于湖西，各自区域上南北高、中间低"的格局。但是，在降水量增加比较小的局部子流域，径流深呈减少趋势，即下垫面的空间差异会导致各子流域径流深的空间分布差异。林地、草地以及耕地作为生态用地具有维持区域水生态平衡的功能，具有减少流域年径流量、拦蓄洪水的作用；天然林草地和耕地被建设用地取代将使得基流减少、地表产流增加。而土地利用类型对径流深大小的影响在枯水条件下表现尤为明显，而随着降水量的增加，其影响趋于减弱。小流域尺度上，气候、地形、土地利用共同影响着流域的水文参数变化。降水量的变化总体决定了水文参数的变化；降水量越少，土地利用的影响越突出；降水量越多，土地利用的影响会趋于弱化，而地形的影响会在一定程度上突显。

三种下垫面条件下，南四湖流域径流的空间格局总体受降水量空间差异的控制。降水量多的小流域，各水文参数尤其是径流深的绝对值明显偏大；而下垫面特征会在局部改变径流的空间布局，建设用地增加多的小流域，径流系数也明显增加。小流域尺度上，降水空间差异较小，由城市化主导的土地利用变化对径流空间分布的影响较大，径流深增加的区域与建设用地的扩张区相对应。建设用地增长与径流深增长之间不是单纯的线性关系，流域降水特征、建设用地比例和变化幅度的不同，不同流域每单位建设用地增长导致的径流深的变化值也不同。

建设用地进一步扩张时，水文参数的响应过程明显表现为径流深增加和蒸散发减少。在各流域模拟的建设用地增加过程中，济宁城市流域的径流深的变化是各流域中变化最小的，而蒸散发的减少值是各流域中最大的。济宁城市流域的城市建设用地比例在2014年就达到20%。可以初步判断，在城市建设用地比例增加到一定程度(导致水文响应的突变比例，目前公认的是20%)之前，径流深对建设用地的增加幅度的响应更为敏感，而对基期建设用地比例的响应仍然是累加效应。当城市建设用地比例突破水文响应的突变比例后，径流深的响应趋于减弱，但这一结论还需要进一步验证。

(5) 水文参数变化的空间尺度特征

下垫面不变、气候变化时，各子流域尺度水文参数的年际变化特征以及年内分配特征与全流域大体一致。表明在年、月的时间尺度上，气候变化对水文参数的影响与流域空间尺度的大小关联性不大。

气候不变、下垫面变化时，子流域尺度的水文参数与全流域的特征不完全一致。表明在年、月的时间尺度上，下垫面变化对水文参数的影响与流域空间尺度大小、用地结构有较大的关联性。

(6) 气候因素与下垫面因素对径流的影响

气候和下垫面共同影响着流域的径流分布格局。总体上，下垫面对水文参数的影响特征和规律仍然受降水量多少的控制，降水量多的小流域，各水文参数尤其是径流深的绝对值明显偏大。对于全流域而言，径流深的空间分布格局更多地显示出受降水空间分异的影响。由于城镇建设用地分布零散，对径流深总的分布格局影响不大。下垫面条件的差异在局部区域改变着气候影响下形成的径流格局。尺度越小，下垫面特性的影响越凸显。即在建设用地比例高、增加幅度较大的水文响应单元尺度上，建设用地对径流的变化呈现较大的影响，即径流深的增加值大于其他的水文响应单元。

与城市化已经高度发展的长三角等区域相比，南四湖流域近 30 年来总体为中、低速的城市化发展过程，目前的城市化也为中、低度发展区。尽管城市建设用地比例增加幅度较大，但 2014 年农村居民点所占比例高仍然是建设用地的主力军。斑块小而分布比较分散是农村聚落的基本特征，这也是南四湖流域下垫面特征对水文参数总体影响较小的原因。即由下垫面变化主导的城市化对水文过程的影响中，除了建设用地数量增加的影响外，用地的空间结构，即建设用地(尤其是城镇建设用地)空间集聚程度的高低对水文过程也表现出更明显的影响过程。

从流域健康水循环的角度，城市和流域规划的重点在于控制集中连片的城市建成区的扩张，从中小城市聚落用地布局得到的启示是：规模小而被生态型(耕地、林草地)用地所包围的城市建成区是较好的选择。

第 6 章　城市化进程中流域水循环健康评价

6.1　流域健康水循环的涵义

水作为地球的血脉，其健康直接影响着地球上包括人类在内的各种生命体的存亡。然而自从工业革命以来，人类活动无论在空间尺度上，还是在利用强度上，都已经成为自然水系越来越无法承受的负担。水资源短缺，污染严重，旱涝频繁，河道被占，水生态退化，每年不同的流域、城市都会以不同的方式承受着不同程度的水危机。河流健康(J. R. Karr, 1999; R. H. Norris 等，1999)、人类社会用水健康、健康水循环(张杰等，2006)等概念相继被提出，这些概念实质上反映着人类对于流域系统的结构是否完好、功能是否能够正常发挥的认可程度。

流域水循环的健康状态受制于诸多因素，大体可以分为自然因子和人类活动因子两方面。自然因子的影响是指自然界正常的环境因素变化(如气温、降水、蒸散发等规律性的季节变化和年际变化)、地形地貌变化、下垫面覆被的变化等，这些自然影响因子决定着流域水循环变化的特点。人类活动则是强调人为活动干扰对流域水循环健康状态的影响，尤其是在高强度人类活动密集的城市区域，是现代社会环境下流域水循环的重要影响因素。人类活动影响主要包括以下几个方面：① 土地利用变化。城镇数量的增加和规模的扩展造成的土地利用变化显著地影响着流域的水文系统和生态系统的健康状况，通过改变产汇流模式而对流域的水循环系统产生重要影响。② 流域的水资源开发利用与污水排放。流域的水量和水质对于能否维持流域水系统的正常结构和功能起着主要作用，而城市人口的增加，产业、经济规模扩张造成的水资源消费和工农业及生活污水的排放改变了流域水系统的结构，减弱了流域对自身功能的维持能力。③ 流域物理结构的改变。城市空间的扩张，道路网的扩展，河道人工化、干渠化，为给排水而建的各种工程管网，具有取水、防洪等功能的水库、堤坝等，破坏了流域的自然水文情势和水循环规律。④ 流域生态系统的破坏。城市污染、热岛效应、资源消耗、植被破坏、自然生态系统受损、地质环境改变、土壤功能退化等因素，破坏了土壤—植被—大气界面的自然水循环过程，从而对流域整体的水循环和生态系统产生影响。

流域健康水循环最理想的状态是接近未受干扰前的状态，最完美的标准应该是原始性、荒野性。而实际上，理想的自然状态的河流及流域已经消失，河流和流域在长期的发展过程中，已经与社会、经济发展形成了密切联系的自然—社会—经济复合系统(周林飞等，2008)。人类已经成为流域复合系统的重要组成部分，人类的各种活动已经不可避免地改变了流域的下垫面特性和自然水循环过程。因此，健康的水循环不仅要考虑自然水循环自身的各个要素，还要综合考虑人的影响及价值。

国内外学者对健康水循环涵义的界定尽管表述不一，但是核心思想是一致的。健康水循环是指在水的社会循环中，遵循水的自然运动规律和品格，合理科学地使用水资源，不过量开采水资源，同时将使用过的废水经过再生净化，使得上游地区的用水循环不影响下游水域的整体功能，水的社会循环不损害自然循环的客观规律，从而维系或恢复城市乃至流域的良好水环境，实现水资源的可持续利用(刘昌明等，2008)。流域健康水循环是指在整个流域内人类的社会经济活动应该遵循自然水循环的客观规律，人类的聚居活动对流域水系统的结构和功能的扰动以不影响水的生态及社会经济服务功能为基本原则；同时人类社会经济的发展不受或少受因自然因素或社会因素造成的水资源短缺、水环境恶化、洪涝灾害、河流生态系统破坏等的约束；既包括流域水循环在“点—线—面”不同空间尺度上的有序性，也包括流域水循环在“径流—蒸发—存储—入渗”的各个环节上都能保持合理比例和质量。流域健康水循环的核心应该是维持流域水系的正常结构，使其自然—社会经济服务功能能够持续健全，而水循环的波动应该约束在流域系统健康的弹性范围内。流域健康水循环意味着人类社会发展与流域自然水系统的高度协调状态。

6.2 城市化进程中流域水循环健康状态评价体系

目前对于城市化水文效应的定量评价，不管是在城市尺度还是流域尺度，基本上都是从水资源短缺、水污染、洪涝灾害三个角度分别进行定性阐述，而没有对综合的流域水循环健康状态的评价。本书尝试提出广义性的城市化进程对流域水循环状态的评判指标，采用分级评价的方法对其进行评价。具体指标包括四大类 10 个指标：自然条件指标——干旱指数、植被覆盖度；城市化状况指标——非农人口比例、城市建设用地比例、工业化水平；河流健康状况指标——河川径流受人类活动影响程度、水质；综合水安全格局指标——雨洪淹没风险、水源涵养区、水功能区划。具体评判标准见表 6-1。

表 6-1　城市化进程中流域水循环健康状态评价体系

准则层	指标层	极健康	健康	亚健康	极不健康
自然条件(C1)	干旱指数(Z1)	湿润带	半湿润	半干旱	干旱
		<1.0	1.0～3.0	3.0～7.0	>7.0
	植被覆盖度(Z2)	未或轻微受扰动	植被覆盖较好	扰动较强烈，植被退化严重	植被稀疏，退化很严重
		>75%	50%～75%	25%～50%	<25%
城市化状况(C2)	非农人口比例(Z3)	<10%或>75%	10%～20%	20%～40%	40%～75%
	城市建设用地比例(Z4)	<3%	3%～10%	10～20%	>20%
	工业化水平(Z5)	<20%	>60%	20%～40%	40%～60%
河流健康状况(C3)	河川径流受人类活动影响程度(Z6)	<40%	40%～60%	60%～80%	>80%
	水质(Z7)	Ⅰ、Ⅱ	Ⅲ	Ⅳ、Ⅴ	劣Ⅴ

续表 6-1

准则层	指标层	极健康	健康	亚健康	极不健康
综合水安全格局(C4)	雨洪淹没风险(Z8)	100年一遇的防洪标准	50年一遇的防洪标准	20年一遇的防洪标准	10年一遇的防洪标准
	水源涵养区(Z9)	低重要性(开发高安全)	中等重要性	较重要性	高重要性(开发低安全)
	水功能区划(Z10)	可开发利用区(开发高安全)	饮用水源区	保留区	保护区(低安全)
评分		4	3	2	1

需要说明的是，在现阶段经济社会高度发展的情况下，如果期望流域水系结构和功能达到理想状态是几乎不可能的，因此，流域健康水循环的量化指标也只能是一个与经济社会发展需求相妥协的目标，它既要考虑维持流域水系自然功能的需要，也要考虑流域内人类生存和发展的需要。同时，由于人类经济社会在不断发展变化，对自然界的认识也在不断深化，人类对流域水系结构及功能的价值取向存在明显的时段变化特征。因此，流域健康水循环标准必然是动态的，在不同的时间和空间范围，实际折射出人类在相应背景下的价值取向(陈家琦，1986)。

对各指标值的分级标准解释如下：

① 对流域水循环健康状态采用4级分级标准：极健康、健康、亚健康和极不健康。

② 降水条件对于河流的河川径流的自净能力有很大的影响，选择反映气候干旱程度的干旱分级指数指标表明流域所处的气候条件好坏。干旱分级指数通常定义为年蒸发能力和年降水量的比值。我国干旱指数综合分带见表6-1。按照气候分带，湿润带为流域水循环极健康的地带，依此类推。

③ 植被覆盖对于流域水源涵养等水资源保护措施有着重要的意义，是流域生态系统健康状态的重要评价指标。本书采用流域土地利用类型中林、草地所占总土地利用类型的比例来分析植被覆盖度的大小。

④ 非农人口比例按照诺瑟姆的城市化阶段划分。在城市化水平小于10%的农业社会和大于75%的后现代社会(高度发达社会)流域水循环处于极健康状态，前者因为人类活动的影响度小，后者由于对相关涉水问题通过技术、资金投入以及教育、文化、意识的提高而进行治理并取得非常有效且持久的成果。城市化10%～20%是城市化的初期，对水循环的干扰比较小，处于健康状态。20%～40%为城市化加速发展的前期阶段，水资源需求、开发利用程度大大加强，污水排放量增加而治理能力较弱，流域水循环呈亚健康状态。40%～75%为城市化加速的中后期阶段，高强度的人类活动干扰达到顶峰，治理的相关努力落后于活动强度的增加部分，而使得水循环达到极不健康状态。

⑤ 城市建设用地比例本身是一个相对于流域面积而言的指标，同样的城市群的建设用地面积对不同尺度的流域而言，比例值是不同的。因而只能是一个相对指标。现有研究中，城市建设用地比例对流域水循环影响广泛被认可的观点为："一个流域内有20%的面积由下水道排水和不透水覆盖时，会对流域洪水特征产生较大的影响"。根据这一观点，结合我国的现实情况，把城市建设用地小于3%时视为极健康状态；3%～10%为健康；10%～20%

亚健康，大于 20%为病态。

⑥ 工业化水平按照约翰·科迪等人的工业化水平划分标准：以工业的主体——制造业的增加值在总商品生产部门增加值中所占的份额来衡量[国民收入中工业活动(制造业为主)所占比例]，分为非工业化(20%以下)、工业化初期(20%～40%)、工业化中期(40%～60%)，后工业化(60%以上)。

⑦ 国际上普遍认为人类活动对河流水资源的开发利用率不能超过 40%，而干旱区水资源开采度界线为 60%。我国流域水资源开采的实际情况远远高于这一临界值。以基于流域长序列降水—径流数据模拟计算得到的人类活动对河川径流的影响程度为指标，评价河流径流受人类活动的影响程度。

⑧ 水质按照《地面水环境质量标准》分为五级，其分级评价为：Ⅰ、Ⅱ类水质为极健康，Ⅲ类为健康，Ⅳ、Ⅴ类为亚健康，劣Ⅴ类为极不健康。

⑨ 雨洪淹没风险按照河流的防洪标准划分。

⑩ 水源涵养区按照流域的地貌类型和生态系统类型来划分，分级标准见表 6-2。

表 6-2　　水源涵养重要性指标分级

流域地貌	生态系统类型(植被)	重要性
山地	森林、湿地/草地/荒漠	高/较高/中等
丘陵	森林、湿地/草地/荒漠	较高/中等/较低
平原	森林、湿地/草地/荒漠	中等/较低/低

⑪ 水功能区划按照《全国重要江河湖泊水功能区划》中的一级区划(保护区、保留区、开发利用区、缓冲区)和二级区划(饮用水水源区、工业用水区、农业用水区、渔业用水区、景观娱乐用水区、过渡区、排污控制区)划分。

对于表 6-1 中各指标的分级标准(薛丽芳，2009)进行赋值，每个指标按照水循环健康状态的 4 个等级从高到低分别赋值 4、3、2、1，对每个指标值赋以等权重，则对其进行累加，可得到面向流域健康水循环的城市化水文效应评判的综合表达式：

$$F = \sum_{i=1}^{n} w_i f_i \quad (i = 1,2,\cdots,n) \tag{6-1}$$

式中，F 为城市化进程中流域水循环健康状态综合值，用以表示面向流域水循环的城市化水文效应的大小；f_i 为各指标的取值；w_i 为各指标的权重，在本书中赋各指标以相等权重。

根据对各指标的赋值，城市化进程中流域水循环健康状态 4 个等级的临界值分别为 40、30、20、10。目前基本已经不存在完全不受人类活动影响的纯自然状态的流域，因而上述流域极健康状态只能是一个理想值，且认为如果各指标的实际值要低于表 6-1 中第四级极不健康的取值，即所得的 $F<10$ 时，流域水循环处于崩溃状态，对人类社会的支撑也不复存在。基于此，对上述综合指标值进行分级定义：综合值 $F<10$ 时流域水循环为极不健康，10～20 时为亚健康，20～30 时为健康状态，30～40 为极健康状态。

为了表示的方便，将 F 值归一化到 0～1 之间的指数值，定义 F' 为城市化进程中流域水循环健康状态指数，其计算公式为：

$$F' = F/F_{\max} \tag{6-2}$$

式中，F_{max} 为 F 的理论最大值，即流域水循环的最健康状态的取值，按照上述对 10 个指标的赋值标准其累加值最大为 40，则对 F_{max} 取 40。

根据公式(6-2)计算，对 F' 分级定义为：指数值 $F'<0.25$ 时流域水循环为极不健康，0.25～0.50 时为亚健康，0.50～0.75 时为健康状态，0.75～1 时为极健康状态。

6.3　南四湖流域城市化进程流域水循环健康状态评价

6.3.1　单指标评价

以水文站点划分的八个子流域作为水循环健康状态的评价单元(图 3-2)。各指标的赋值过程如下。

(1) 干旱指数

南四湖流域属于半湿润气候区，按照各站点年蒸发量数据计算的子流域的干旱指数有小幅差别，但数值均在 1～3 之间。

(2) 植被覆盖

南四湖流域各子流域植被覆盖状况不佳，植被覆盖度最大的是⑧流域(以蟠龙河、韩庄运河为主的流域)，仅达到 28.74%；最小的是⑤流域(以洸府河为主的流域)，只有 0.77%。总体来说，湖东流域比湖西流域植被覆盖度大。

(3) 非农业人口比例

用非农业人口比例来衡量城市化水平，发现南四湖流域城市化水平较高，大部分处于亚健康状态，仅⑤流域(以洸府河为主的流域)城市化水平最高(45%)，处于极不健康状态。总体来说，湖东流域比湖西流域城市化水平高。

(4) 城镇建设用地比例

结合图 3-6，发现流域中城镇建设用地比例较大的地区为紧邻南四湖北部的济宁市区、兖州市，湖西流域西部的牡丹区、鄄城县、郓城县，湖西流域南部的民权县、单县、沛县。这些地区较大的城镇建设用地比例会影响流域水循环，减少雨水下渗，缩短雨水汇流时间，使流域面临的洪水压力增大，并会造成流域污染的加剧，对流域健康水循环具有较大的负面影响。

对各子流域的城镇建设用地比例作面积加权处理，结果显示各子流域的城镇建设用地比例在 2%～15%之间，评价得分在 2～4 分不等。湖西内的②流域(以万福河为主的流域)城镇建设用地比例最小，为 2.80%；城镇建设用地比例最大的地区为湖东流域的⑤流域(以洸府河为主的流域)，为 11.24%。可以看出，湖东流域比湖西流域的城镇建设用地比例高，对流域健康水循环易造成不利影响，在城镇体系规划中应注意控制湖东流域的城镇建设用地的扩张。

(5) 工业化水平

查阅统计年鉴，获取 29 个县、市级单位的工业产值和地区总产值，对其进行面积加权处理归并到 8 个子流域中。各子流域工业化水平差距不大，于 48%～56%之间，工业化水平最高值出现在湖东⑦流域(以城河、十字河为主的流域)，高达 55.09%；最低值出现在湖西②流域(以万福河为主的流域)，为 48.55%。总体而言，湖东流域工业化水平大于湖西流域。

(6) 河川径流受人类活动影响程度

以第4章中计算得到的各子流域人类活动对径流量变化的贡献率作为评判河川径流受人类活动的影响程度。相对而言,湖西流域河川径流受人类活动的影响程度较高,①流域(以东鱼河、丰沛河为主的流域)、③流域(以洙赵新河为主的流域)人类活动影响程度甚至超过90%,②流域(以万福河为主的流域)也超过了80%,不利于维持流域健康水循环状态;湖东流域水循环受人类活动影响程度较小,其中⑦流域(以城河、十字河为主的流域)虽受人类影响程度最小,但也达到70.19%,⑧流域(以蟠龙河、韩庄运河为主的流域)水循环受人类活动影响程度也超过70%,⑤流域(以洸府河为主的流域)、⑥流域(以泗河、白马河为主的流域)水循环受人类活动影响程度更是超过了80%,流域人类活动对水循环造成了较大影响。

(7) 水质类别

流域内Ⅱ类、Ⅲ类水主要分布在湖东各子流域上游区的引水源地,而各子流域的中下游经过工农业生产和城市生产生活的污染,水质较差。根据“淮河水利网”官网公布的淮河流域主要河流水资源质量状态月通报数据整理,得出南四湖流域主要河流入湖的水质类型大多为Ⅳ、Ⅴ类水,有的站点甚至为劣Ⅴ类水,主要污染物为总磷、高锰酸盐、COD、氨氮等(表6-3)。各子流域的综合水质相差不大,均赋为2。

表6-3　南水北调东线输水干线(部分)水质评价结果(2014年9月~2015年9月)

河流	监测断面	水质目标	水质类别	主要超标项目
南四湖	微山岛东	Ⅲ	Ⅴ	总磷
	大捐	Ⅲ	Ⅳ	高锰酸盐指数、COD
	二级坝上	Ⅲ	Ⅳ	COD
	南阳	Ⅲ	Ⅳ	COD、总磷
	前白口	Ⅲ	Ⅴ	高锰酸盐指数、总磷、氟化物
梁济运河	邓楼	Ⅲ	劣Ⅴ	氨氮、总磷

(8) 雨洪淹没风险

南四湖流域总体防洪标准在50年一遇的防洪标准以下,且只有③流域(以洙赵新河为主的流域)、④流域(以梁济运河为主的流域)、⑤流域(以洸府河为主的流域)防洪标准可达到50年一遇;⑥流域(以泗河、白马河为主的流域)雨洪淹没风险最高,防洪标准得分最低,尚不能完全达到20年一遇的防洪标准;其他各子流域均为20年一遇的防洪标准,分布于流域南部的大部分地区。

(9) 水源涵养区

南四湖流域大部分地区地形类型为平原,少数山地、丘陵均分布在湖东流域,且山地面积很小,仅有2.77 km^2。根据2014年土地利用类型确定生态系统类型,由于不同土地利用类型的植被类型有较大差异,所以可以以土地利用类型图代替生态系统分布图,林地代表森林;耕地植被类型与草地类似,可代表草地;河湖水系即为湿地;建设用地无植被,近似代表荒漠。将此生态系统类型图结合地形分布图确定南四湖流域不同地区水源涵养重要性。根据评价体系中的分级赋值原则对不同地区的水源涵养重要性进行分级评价。分级评价得分为1、3的地区，即水源涵养能力最强的区域均位于湖东流域，主要分布于泗水县、邹城市和山亭区，这些地区城市化发展过程中要着重进行水源涵养区的保护；而评价得分最高(4分)，即水源涵养能力最低的地区则分布于各县区内的建设用地。对各子流域的水源涵养分级得分进行面积加权平均处理所得结果显示，各子流域水源涵养等级得分相差不大，均在3分左右。

(10) 水功能区划分级

水功能一级区分为保护区、保留区、开发利用区、缓冲区四类；水功能二级区划只在水功能一级区划中的开发利用区内进行，分饮用水水源区、工业用水区、农业用水区、渔业用水区、景观娱乐用水区、过渡区、排污控制区共七类。根据山东省水功能区划中对南四湖流域各水功能区起始和终止断面的描述，运用ArcGIS软件将不同水功能区划的河流进行区域分配。南四湖流域水功能区划中所占比例最大的是农业用水，河段总长为861 km；占比例最小的是缓冲区，河段长度仅有17.7 km，位于湖西流域南部紧靠南四湖的大沙河、复新河及沿河流域。根据不同水功能区的水功能描述可以看出：保护区对水质及生态环境的要求最高，不宜进行开发利用；保留区是为今后开发利用和保护水资源预留的区域，需维持现状不遭破坏，所以不宜进行规模较大的开发利用活动；饮用水源区是流域居民生存用水的来源，所以在水质及水量上都应该进行有效保护，防止过度开发利用带来的污染及水资源枯竭；饮用水源区以外的开发利用区在开发力度的限值方面相对其他三个水功能区来说较小。

根据评价体系中的分级评价标准对南四湖各子流域进行水功能区划赋值。分级评价中得分为2的区域是南四湖西北部④流域(以梁济运河为主的流域)，这部分地区水功能区划为保留区，在城镇体系规划中应对其水资源进行重点保护和恢复；得分为3的区域均位于湖东流域，主要位于南部的新薛河、蟠龙河、韩庄运河附近，其水功能区划为饮用水源和农业用水区，也是需要进行重点保护的；其余较大面积的区域得分为4，是除饮用水源区外的可开发利用区，可根据其水功能进行控制规模的开发利用。

6.3.2 综合评价

由表6-4所示流域健康水循环的综合得分可知，南四湖流域各子流域处于健康状态。总体结果显示：②流域(以万福河为主的流域)、③流域(以洙赵新河为主的流域)、⑦流域(以城河、十字河为主的流域)、⑧流域(以蟠龙河、韩庄运河为主的流域)综合得分为23，归一化指数(0.58)最高，湖东、湖西所占流域个数均分；湖西其余两个子流域综合得分均为22，归一化指数为0.55；湖东其余两个子流域综合得分均为21，归一化指数为0.53。总体来说，水循环健康状态湖东低于湖西，流域北部低于流域南部。

综合分析表6-4及图6-1中健康水循环评价体系中各评价指标的评价结果，可以得出以下结论：

(1) 湖东、湖西流域层面

就自然条件评价得分而言，湖东流域略大于湖西流域。受地形因素的影响，湖东流域山地面积远远大于湖西流域，林草地等植被覆盖程度略高。

总的来说，湖东流域的城市化状况相对湖西流域较高，主要反映在非农业人口比重、城镇建设用地比例和工业化水平三个评价指标方面，其中湖东流域⑤流域(以洸府河为主的流域)城市化状况总得分最低(4分)，表现出较高的城市化水平，在此流域内宁阳县、兖州市和济宁市区非农业人口比重较大，城市建设用地比例最大，且工业化水平较高。湖西流域②流

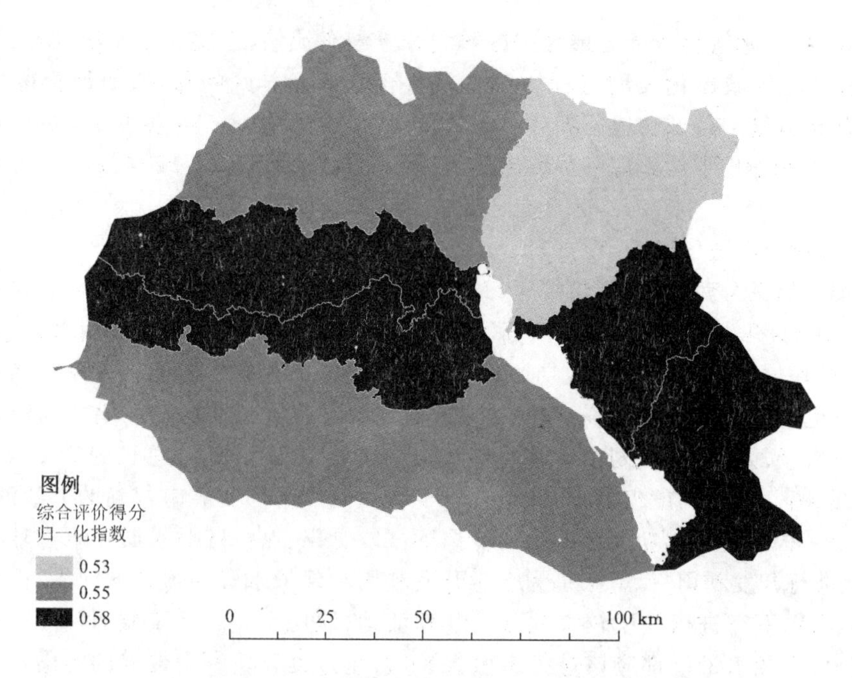

图 6-1　南四湖流域水循环健康状态综合评价图

域(以万福河为主的流域)城市化状况总分最高(7 分),其中非农业人口比重、城市建设用地比例、工业化水平都是最低的。其余 6 个子流域单个评价指标得分均相同,城市化状况相似(城市化状况总得分为 6 分)。

河流健康状况方面,湖东流域略好于湖西流域。其中湖东流域河川径流受人类活动影响程度较小,这是因为在湖东流域山地所占比例较大,人类对山地的开垦远小于对湖西平原区的改造,因此湖东流域河流得益于地形因素的优势,河流健康状况总评价值较高。

湖东流域的综合水安全格局评分略低于湖西流域,其中④流域(以梁济运河为主的流域)、⑥流域(以泗河、白马河为主的流域)、⑧流域(以蟠龙河、韩庄运河为主的流域)的水安全格局总分最低。在水源涵养区及水功能区划方面,除④流域(以梁济运河为主的流域)的保留区外,湖东流域均表现出更为重要的地位,湖东流域分布着大面积的饮用水源区,具有重要的水资源保护意义,水是人类赖以生存的保护资源,最大的价值也是最值得保护的价值即作为人类的饮用水而存在,所以应从质和量两方面重点保护湖东流域水资源。水源涵养是保护水资源的重要举措,可以改善水文状况,调节区域水文循环,防止河流、湖泊、水库淤塞,所以要大力保护湖东流域的水源涵养区,减小开发力度。

(2) 子流域层面

南四湖流域内 8 个子流域自然条件相差不大,除⑧流域(以蟠龙河、韩庄运河为主的流域)植被覆盖度稍高,其余 7 个流域在自然条件评价总得分上没有差异。

城市化状况方面,⑤流域(以洸府河为主的流域)城市化水平最高,评价得分仅为 4 分,非农业人口比重和工业化水平指标得分都只有 1 分,城镇建设用地比例只有 2 分。②流域(以万福河为主的流域)城市化状况得分最高(7 分),城市化水平最低,非农业人口比重、城市建设用地比例和工业化水平均是 8 个子流域中最小的。剩余 6 个子流域城市化状况得分是一致的,均为 6 分。

表 6-4　　南四湖流域水循环健康状态评价

	流域名称	①	②	③	④	⑤	⑥	⑦	⑧
	所含站点	鱼城	孙庄	梁山闸	后营	黄庄	书院	滕州	薛城
干旱指数	数值	2.67	2.54	2.45	2.42	2.19	2.16	2.12	1.93
	得分	3	3	3	3	3	3	3	3
植被覆盖度	数值	3.10%	1.08%	2.40%	1.03%	0.77%	14.84%	22.86%	28.74%
	得分	1	1	1	1	1	1	1	2
自然条件总分		4	4	4	4	4	4	4	5
非农业人口比重	数值	34.22%	28.04%	33.01%	21.96%	45.00%	33.49%	31.87%	35.89%
	得分	2	2	2	2	1	2	2	2
城市建设用地比例	数值	4.82%	2.80%	7.51%	4.40%	11.24%	4.76%	6.29%	7.34%
	得分	3	4	3	3	2	3	3	3
工业化水平	数值	51.34%	48.55%	49.36%	52.68%	53.82%	55.05%	55.09%	54.74%
	得分	1	1	1	1	1	1	1	1
城市化状况总分		6	7	6	6	4	6	6	6
河川径流受人类活动的影响程度	数值	93.43%	88.04%	96.07%	76.76%	80.71%	85.93%	70.19%	73.37%
	得分	1	1	1	2	1	1	2	2
水质	数值	Ⅳ、Ⅴ	Ⅳ、Ⅴ	Ⅳ、Ⅴ	Ⅳ、Ⅴ，部分劣Ⅴ	Ⅳ、Ⅴ	Ⅳ、Ⅴ	Ⅳ、Ⅴ	Ⅳ、Ⅴ
	得分	2	2	2	2	2	2	2	2
河流健康状况总分		3	3	3	4	3	3	4	4
雨洪淹没风险	数值	20 年一遇	20 年一遇	50 年一遇	50 年一遇	50 年一遇	10 年一遇	20 年一遇	20 年一遇
	得分	2	2	3	3	3	1	2	2
水源涵养区	数值	较低	较低	较低	较低	较低	较低	较低	较低
	得分	3	3	3	3	3	3	3	3
水功能区划分级	数值	开发区	开发区	开发区	保留区	开发区	开发区	开发区	饮用水源区
	得分	4	4	4	2	4	4	4	3
综合水安全格局总分		9	9	10	8	10	8	9	8
总得分		22	23	23	22	21	21	23	23
归一化指数值		0.55	0.58	0.58	0.55	0.53	0.53	0.58	0.58

河流健康状况方面，④流域（以梁济运河为主的流域）、⑦流域（以城河、十字河为主的流域）和⑧流域（以蟠龙河、韩庄运河为主的流域）评分最高（4 分），这三个流域河川径流受人类活动的影响程度较小，得分较高（2 分）；其余 5 个子流域受人类活动的影响程度较大，得分较低（1 分）。此外，整个南四湖流域水质差距不大，都为Ⅳ、Ⅴ类，少部分劣Ⅴ类。

综合水安全格局方面得分最高（10 分）的是湖西流域的③流域（以洙赵新河为主的流域）、⑤流域（以洸府河为主的流域），主要表现在防洪标准较高（50 年一遇），得分最高（3 分），水功能区划均为开发区（得分为 4 分）。得分最低（8 分）的是④流域（以梁济运河为主的流域)、⑥流域(以泗河、白马河为主的流域)、⑧流域(以蟠龙河、韩庄运河为主的流域),其中④流域防洪标准较高,但水功能区划隶属保留区,得分较低(2 分);⑥流域防洪标准最低(10 年一遇);⑧流域防洪标准较低(20 年一遇),多部分属于引用水源区,得分较低(3 分),这三个流域需要在规划中对其水安全格局进行重点调控。

第 7 章　基于健康水循环的城市化水文效应应对策略

7.1　城市节点尺度

7.1.1　节制城市用水

传统的城市取排水模式为“取水(由近及远)—输水—用户—排放”的单向粗放型流动，这种模式已经导致了供水、治污成本的急剧上升、河流生命丧失、景观和地貌形态改变以及上下游城市之间的潜在争端。严峻的现实使人类亟须建立一种基于维系流域生命延续和流域公平的节制用水模式。节制用水是为了人类的永续发展，从全流域的角度对水资源综合利用的指导思想，它强调在水的开发利用排放过程中，不仅要节省、节约用水，更要在宏观上控制社会水循环的流量，减少对自然水循环的干扰(张杰等，2006)。从这个意义上，节制用水不是一般意义上的节约用水，它应该是为了社会的永续发展、水资源的可持续利用以及水环境的恢复和维持，通过法律、行政、经济、技术和教育手段，使社会合理有序地取用有限的水资源。除了包含节约用水的内容外，更主要在于：根据地域的水资源状况，制定、调整产业布局，促进工艺改革，提出节水产业、清洁生产，通过技术、经济等手段控制水的社会循环量，合理科学地分配水资源。其基本思路为：① 整个流域的社会用水需要在保证河流系统自然功能的基础上进行取水，根据水文区位指数，动态的下限经验数值为 0.4；② 流域上、中、下游城市用水应统筹规划、合理分配，要制定流域统一的水质标准，使上游城市的用水和排水不影响下游城市的用水功能；③ 城市立足于本地区河流取水，节约和提高用水效率，排水系统应回收城市污水并使其净化再生，改善污水的处置方式，使社会用水实现“取水—输水—用水—再生水循环”的健康循环模式，实现河流生命的延续和水资源的可持续利用。总之，需要以流域为单位，将流域的上游与下游、地上与地下、水质与水量、给水与排水等方面相结合，实现水资源统一的调度和管理。每个城市既需要限制取水的数量，也要控制排水的数量和质量，不至于污染下游河段，这是流域中每个城市不可逃避的义务与责任。

节制用水对于所有城市而言都具有普遍的意义：① 减少了对新鲜水的取用量，减少了人类对自然水循环的干扰，是维持水健康循环的基础；② 可实现流域水资源的统一管理，可以提高水的使用效率，减少水的浪费；③ 减少了污水排放量，从而节省相应的排水系统和其他市政设施的投资及运行管理费用，同时，由于减少污水排放量，改善了环境，可以产生一系列环境效益和生态效益；④ 不仅是用水户的行为，更重要的是政府行为，可以提高全社会节水意识，这是创建节水型、水健康循环型城市的前提条件；⑤ 可以促进工业生产工艺的革新，反过来又可进一步降低水的消耗量；⑥ 可以节省市政建设投资，提高资金利用率，在目前我国市政建设资金普遍紧缺的情况下，具有重要的现实意义；⑦ 通过节制用水的推广，社会水循环的改善和城市良好形象的建立，会产生一系列的增量效益，如由于城市卫生的改善而相应提高了人们的生活质量和城市的投资环境，自来水厂由于原水水质的改善而减少了运行、改造的费用等。

7.1.2 与城市化同步的雨水水文循环补偿与修复

传统的城市规划习惯于将雨水当做"洪水猛兽"，采取立足于"排干疏尽"的雨水管理模式。这就忽略了雨水在水循环中的基本功能，忽略了雨水蓄存、调节是涵养地下水、补充地表枯水径流量的水循环规律。国内外城市雨水利用与管理的实例表明，需要彻底改变传统的以"弃、排"为核心的雨水管理模式，代之以"蓄排兼顾"的新理念，在城市发展的同时通过改善下垫面的水文特性，定量、合理地调控降水的径流、蒸发、存储和入渗比例，补偿与修复城市地区的雨水水文循环(谭海樵等，2007)。健康的雨水水文循环能促进雨水—地表水—土壤水—地下水之间的转换，维持城市水循环系统的平衡。随着水资源短缺和河流污染问题的日益严重，人类对雨水的态度从灾害性转变为资源性，从"排干疏尽"转向"蓄积利用"，但是对其利用管理始终是以人的利益为目的，而雨水作为流域自然水循环中的一个环节所应承担的生态功能却依然被忽略，对影响城市雨水自然通道的问题依然少有过问，城市雨水的回归之路依然是可望不可及。真正意义上的城市雨水管理应该是在各相关部门的共同努力下，使城市的雨水得以回归自然，也就是使得城区雨水的蒸发、径流、入渗各得其所，各行其道，使雨水的生态功能得以修复，以确保城市的生态安全。要达到这一目的，需要通过土地利用的调整能动地调控城市降雨入渗条件，改变城市地区的地表径流系数，把下垫面硬化对雨水自然通道的破坏减少到最低限度。

7.1.2.1 核心理念

要从城市大片的不透水地面和水泥森林中为雨水找出一条回归之路，重建城市水循环系统显然并非易事。解决问题的出路就是与城市化同步的分散式雨水水文循环修复。所谓同步，就是不要求城市化让位于生态修复，而是要在城市化的同时因地制宜地推进雨水循环修复；所谓分散，就是要在水泥森林中"见缝插针"，利用一切可利用的空间定量地调控降雨的径流、蒸发、存储和入渗。

7.1.2.2 措施

(1) 雨污分流，减轻城市排水管网的压力

统计表明，雨水在城市的公共污水排放中的比例可以达到30%，甚至更高。这不仅造成了水资源的浪费，同时也在无形中加大了排水管网的建设成本和污水处理的成本。国内外的实践经验表明，只要措施得当，这部分本应回归自然的雨水完全应该而且可以经过雨污分流走上回归之路。现有的排水模式中不管是"合流"还是"分流"，都要依赖管网系统。在本书所提出的雨水水文循环修复模式中的雨污分流并不是从排水的角度来分流，而是强调从雨水落地的那一刻起的"分流"，即不需要依赖专门的雨水管道，而是经由修复径流发生地上的雨水自然通道，让城市雨水的蒸发、入渗、径流各行其道，回归自然。所以，实现雨污分流的关键并不是增设排放雨水的管网系统，而是要因地制宜修复城市雨水的自然通道。

(2) 蓄排兼顾，量化雨水的回归指标

20世纪80年代以来，不断得到重视的城市雨水利用管理反映出人们对城市洪涝、水资源短缺和水污染的高度关注。但是人们对于雨水的态度正在从一个极端走向另一个极端，即从"排干疏尽"走向"零排放"，也就是要将雨水截留殆尽。但是，作为流域水系的有机组成

部分，城市水系的通畅与否势必会影响到所在流域水系的整体功能。按照传统模式将城市雨水全部纳入人工排水系统，固然会直接影响到流域水系的自然循环，但是如果流域中的每个城市都将雨水全部截留，同样会对流域整体的水循环带来负面影响。"蓄排兼顾"就是要根据流域的自然水循环规律，在雨水的排、蓄之间找到一个平衡点，是以蓄为主、以排为辅，蓄而后用、用而后排，既不能简单地将雨水"一排了之"，也不应将雨水"截光用尽"。而雨水集蓄也不仅仅是为了一般意义上的雨水利用，它还应该是城市雨水蒸发、入渗的缓冲区和地表径流的源区，据前文所述，集蓄入渗量应该占到雨水的 50%左右，这样才能使城市雨水以其自然方式参与流域的水循环过程。

(3) 因地制宜构建雨水的蓄渗空间

以见缝插针、积少成多为特征的分散式管理的基本原则和模式就是城市的各个功能体各自为战，独立实现雨污的分流和雨水的回归，并将对公用排水管网的依赖程度降至最低。在建筑物密度高的城市地区，充分利用公园、绿地、水体、庭院、道路、广场等的绿化空间建立"小型分散"的雨水蓄渗空间。完善的蓄渗系统包括：收集系统（不透水地表、屋顶、工厂、公共场所等）、蓄积系统（地表蓄积、地下蓄积）、渗透系统（渗透地表、下沉式绿地、渗透井、渗透管、渗透池、渗透水渠等）。商业用地的雨水管理实践表明，10%的空间就足够实现整个商业用地内的雨水集蓄（K. Polaskovaa et al.，2006）。而按照现有的建筑规范，无论是居民小区、工业园区还是商业用地，其中的绿地面积均应大于 10%，从这个意义上讲，蓄渗空间并不会成为修复城市雨水自然通道的障碍。这样，就能够在城市化的同时有效地降低城市的降水径流系数。国外的研究实例表明，即便是建成区，也可以通过适当的管理措施，将硬化地面造成的径流量降低 15%。

(4) 构建人工渗滤系统，保证雨水集蓄水质

城市化后雨水径流量增加的后果还表现为雨水径流污染的威胁日益严重。美国环境保护署 1990 年公布了不同污染源（如农业、工业、城市污水等）对河流污染的贡献比，其中城市雨水径流占了 9%，而污染后的地表水通过水力联系也必然会污染地下水。因此，雨水集蓄系统必须要保证其水质。在自然状况下，雨水的渗滤完全是通过植被、土壤等通路自然下渗的。本书提出的城市雨水集蓄系统实际上就是参照自然渗滤过程在城市中构建人工渗滤系统：在表层覆盖的草皮或其他植被之下为一定厚度的土壤层和不同尺度的其他蓄水材料组成的渗滤层、隔离层，其中每一层的物理参数皆可以根据自然条件和用水需求进行调控。相关实验表明，只要雨水集蓄系统具有合理的层次结构并采用适当的蓄水材料，完全可以保证经过渗滤的水质能接近甚至达到自然条件下经过渗滤后的水质标准。

7.1.3　污水深度处理与回用

欲维系流域健康水循环的功能，污水处理程度与普及率是应该认真讨论的。诚然，提高污水二级处理普及率是控制水污染、恢复水环境必不可少的措施，但是国内外实践证明，仅仅依靠提高二级处理普及率是远远不够的。根据中国工程院预测结果所示，2010、2030 年全国污水处理普及率分别达到 50%和 80%时，城市污水对水环境的污染负荷并没有明显减弱，近岸海域、江河湖泊的污染趋势仍然得不到遏制。这是由于污水处理率虽在增加，但污水排放总量也在增长，从而使污染负荷总量削减有限（张杰等，2006）。因此，在提高污水二级处理普及率基础上，推进污水深度处理的普及和再生水的有效利用，是解决水资源危机、实现健康社会水循环的必然选择。

污水深度处理是指在传统的污水二级处理基础上，通过改进处理工艺或延长处理流程，增加处理单元，进一步去除二级出水中难解决的有机物、“三致”前体物质和N、P等营养物质的处理工艺过程。因为深度处理的出水水质可以满足工业用水、市政杂用水的要求，使污水得以再生，重新加入水的社会循环，所以称为再生水。再生水可以根据不同用户的水质需要，广泛应用于城市生态、景观用水（如道路、绿地浇洒用水、城市河溪生态流量、公园水池、喷泉等）、工业冷却水、建筑用水、农业用水、污染物处理用水、含水层储存与回收（将雨水、再生水通过注入井、湿地等地下含水层中储存起来，必要时抽取使用）、城市再生水道构建等用途中。这样，就能够减少这些用水过程不再消耗能达到饮用水标准的“纯净”水资源，而减少社会水循环对自然水循环的压力。可见，再生水一方面因其可满足水体自净能力的要求，排放到自然水体后能成为下游城市水资源的一部分；另一方面，城市污水再生，减少了社会取水量，实现了水资源的循环与重复利用。污水深度处理与再利用能够和谐地连接社会水循环与自然水循环，是建立流域健康水循环的重要环节。

7.2 流域尺度的应对策略

7.2.1 基于水文区位的流域城镇体系规划

7.2.1.1 河流系统的拓扑特征及水文区位指数

(1) 河流系统的拓扑特征

基于Strahler水系分级，舍利弗提出了河路系统的随机拓扑学模型：有n个源水系网络中，一定会有n个外部节点，$n-1$个交汇，也就是有$n-1$个自然节点，在图7-1中表示为小圆点。对一个具有17个源头的河流系统来讲[图7-1(a)]，如果把从源头起始的河道定义为一级河道，代码为1[图7-1(b)中方框内的代码，下同]，那么以两个一级河道交汇点（自然节点）为起点的河道为二级河道，代码为2；而当此二级河道再与一级河道交汇时，交会点以下的河道为三级河道，代码为3。

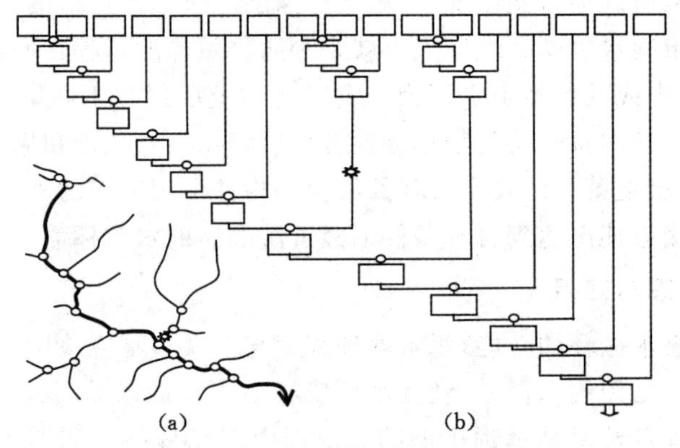

图7-1 河流系统树形网络示意图

(a) 自然水系；(b) 网络拓扑

（图中方框代表河道及其编号，小圆圈代表自然节点，中间的星点代表人为节点，箭头代表水流方向）

基于这种模型，跨级次的河道交汇也是常见的，交汇后的河道级次代码总是等于彼此交汇的两河道原有级次代码之和，如代码为 7 的河道与代码为 3 的河道交汇后，生成的新河道代码为 10[图 7-1(b)]。对河流系统而言，城市化带来的影响主要表现为取水和排污两个方面，将流域范围内的所有城市统一定义为河流系统的人为节点，用星点来表示（谭海樵等，2004;2007）。

所有在流域范围内的人类活动都已经变成了河流系统驱之不去的“人为节点”，比如以水资源利用为目标的各级水库、不同规模的城市、离不开灌溉的农田等。与河流系统的自然节点不同的是，所有这些人为节点都不是以维系河流的流动性为目的的，它们要么是只“取”不“予”，如服务于城市的取水口；要么只“予”不“取”，如排污口。不论构建这些人为节点的本意如何，水系通过这些节点时所产生的实际效果都是在改变着河流系统的整体动力学特征，影响着河流系统的整体健康状况。

如果考虑为缓解城市用水压力而实施的各类调水工程的话，城市建设对河流系统的影响已经超出了流域分水岭的限制，从举世闻名的京杭大运河，到河南林县的红旗渠，已经实施的南水北调东线工程等，此类跨流域改变河流系统动力学特征的工程已经将以流域分水岭为边界的封闭式树形拓扑改造为一个开放型的、以树形拓扑为主体的多元拓扑集合。为便于讨论，本书仍以基于流域边界的树形拓扑作为讨论的主体，将跨流域的河道视为连接两个树形拓扑集之间的出入口，并将连接不同流域的人为河道与原有河流系统的交接点定义为该河流系统中的有着水量交换的人为节点，如图 7-2 中位于左侧的星点代表调水工程的取水口，而右侧的星点则代表给水口，如某个城市。

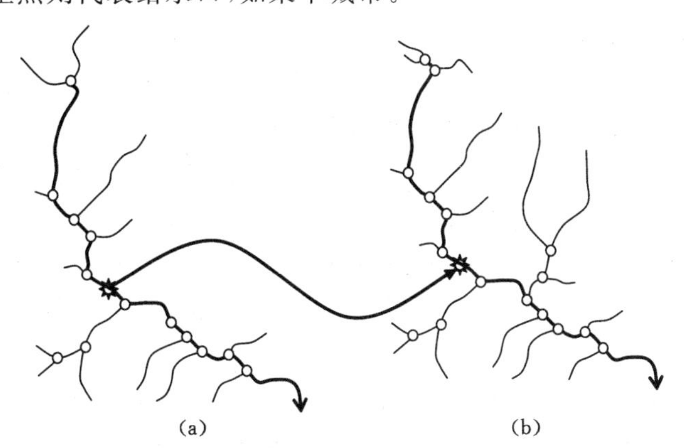

图 7-2　跨水系工程将影响相关河流系统的流动性

(a) 河流系统 A;(b) 河流系统 B

简言之，以分水岭为边界的河流系统由不同级次的自然河道、自然节点以及位于不同级次子流域内的城市等人为节点组成。就其拓扑结构而言，在总体上呈树状。在各个呈树形拓扑结构的河流系统之间可以有人为通道相连。

(2) 河流系统的动力学特征

河流是一个水往低处流的过程，也就是凭借由势能向动能的转变，完成其冲刷、侵蚀、搬运等自然功能的过程。即便是在喀斯特地区出现的暗河，也不例外。在这个过程中，我们可以给任意一条河流 $A-B$ 河段列出动能计算公式如下（成都地质学院普通地质研究室，

1978)：

$$E_{A-B} = \frac{1}{2}M\left(\frac{V_A + V_B}{2}\right)^2 \quad (7\text{-}1)$$

式中，E_{A-B}为某河在$A-B$河段内所具有的动能；M为$A-B$河段内水的质量；V_A为A测站所测得的流速；V_B为B测站所测得的流速。

所谓河流系统的流动性正是以整个系统中各个节点间势能向动能的转换为基础的，也就是说，不论是地处河流系统的哪一个级次的流域内，任意一个上游节点A与其相接的下游节点B之间，河流必须有足够的流通水量和流速。其流量取决于不同级次的节点所对应的流域面积的大小、降雨量、蒸发量及地表入渗条件等；而流速则主要取决于两点之间的落差，以及由于流水裹夹携带砂、石等物质对水体黏滞性的影响程度。一般而言，流速越大，河流的搬运、冲刷等自然功能越强。而人类在河流系统各个节点上的各种活动恰恰是从流量、流速两个方面同时对河流系统的流动产生负面影响；高峡平湖的截流、城市对河水的汲取固然可以给人类的社会经济活动带来诸多利益，但同时也必然会直接影响到整个河流系统的流动能力。当整个河流系统不堪重负，整体的流动性难以为继，出现断流乃至濒临消亡时，人类就只能像历史上的楼兰人那样，自吞苦果。从这个意义上讲，河流系统的动力学特征的维持不仅对整个河流系统是生死攸关的，对人类社会的生存与发展也是至关重要的。

(3) 水文区位指数的定义

基于上述讨论，为了维系整个河流系统的流动性，在河流系统的各个自然节点处，都应该保有一定的流量和流速，记为M_{ij}^0和V_{ij}^0，i为自然节点的级次，j为自然节点的序号。鉴于河流系统的多变性，各自然节点处的保有流量和流速不会是一个常量，可考虑用出现第一个人为节点前，如在紧邻河道构建大城市之前的多年平均值来代替；在观测值不足的情况下，也可考虑用出现第一次断流之前的多年平均值来表示。需要指出的是，评价河流系统的动力学特征，并不是要反对所有的人为节点融入河流系统，而是要找出评价人为节点对河流系统动力学特征的影响程度的定量参数，以确保人为节点的不断增加不至影响到整个河流系统的流动性。换句话说，就是要为人类能动地管理、调控城市雨水，合理把握在河流系统内开展社会经济活动的“度”，提供一个可以量化的指标。本书提出的水文区位指数就是对这个指标的最好诠释。

所谓水文区位，就是河流系统的自然节点以及城市各种取、排水口之类的人为节点在河流系统中的位置。这里所说的位置不仅仅是其地理空间的坐标值，更重要的是该节点在河流树形网络拓扑系统中的级次。对一个河流系统而言，任意一个人为节点，要么与彼此邻近的两个自然节点N_j和N_{j+1}之一重合，要么位于二者之间。无论是哪种情况，人为节点的加入，都会对河流系统的流动性带来一定的影响。不难算出两自然节点之间基于保有流量和流速的保有动能值E_0，以及加入人为节点后的动能值E_1。在此基础上，不难求得二者之间的比值：

$$R_{ij} = \frac{E_1}{E_0} \quad (7\text{-}2)$$

人为节点加入某河段前后该河段动能之比R_{ij}就是该河段的水文区位指数。举世闻名的都江堰工程之所以能够历时2 000余年而功能不减，正是得益于“分四六，平潦旱”的合理调控。事实上，人类的绝大多数社会经济活动都与自然水系有着千丝万缕的联系，都会在河流系统的某个位置加入不同类型人为节点。不是说不要在河流系统内进行水库修建等水资源开发和城市化建设，而是说可以通过适度调控来维系自然的水循环。在某个河段加入人为节点时，要充分考虑如何将由此所引起的河流系统流动性变化控制在一定的数值范围之内，从而实现流域内社会经济与自然水文循环的同步可持续发展。

只要规划合理、管理得当，完全可以在维系水系自然循环的前提下实现城市的发展，只要能确保城市地区的每 1 mm 的降雨，都能回归自然（Z. Tang et al.，2005），就不会因为城市的发展而导致城市所在河流系统的水文区位指数的降低。

7.2.1.2　基于水文区位的流域城镇体系规划

所谓流域健康水循环，就是实现人类社会经济用水与整个流域的同步发展。既不能只保河流，放弃发展；也不能竭泽而渔，取之无度。从这个意义上讲，没有河流系统的健康和可持续发展，就不可能实现流域的健康和可持续发展。如前所述，河流生命体征的核心就是其整体流动性。任何与河流系统相关的开发利用都必须以维系河流系统的整体流动性为大前提。在这里，都江堰的经验无疑具有借鉴意义，建议将 0.4 定为河流系统各河段的水文区位指数的参考下限。也就是说，不论地处河流系统的哪一级河段，也不论是在什么季节，河流系统的水文区位指数均不应因为人类的活动而降至 0.4 以下。

对于尚未被透支的河流系统而言，水文区位指数可以为开发有度提供一个定量指标；而对于已经透支的河流系统而言，那就要通过人工的主动干预，促使河流系统休养生息，逐步恢复其生命的活力。

以邻近河道的城市开发为例，城市发展几乎无一例外地会导致不透水地面的增加，进而改变地表的水流系统，同时又会因人口的聚集而增大对供水量的需求。

对流域整体而言，水资源、水生态、水环境的承载力是有限度的，如果流域的城市化进程依然采取大城市的发展模式，将各个城市视为孤立点而不断地膨胀，每个城市都占有越来越多的水资源、水环境，则流域水资源水环境的生态功能将面临巨大压力。

水文区位概念强调城市在流域中所占有的拓扑空间，强调城市与城市之间以及城镇体系与流域水循环整体功能的关系。在整个流域中，不同等级规模、不同职能类型的城镇都占据各自的水文区位，基于水文区位的流域城镇体系规划需要将流域的城镇体系作为一个整体，在保障流域水循环健康、河流体系健康的基础上实现流域水资源的合理分配与水生态环节的共享。基于这一目的，需要对每个城市所处水文区位特征进行科学界定，将其作为重要的限制因素，科学规划城市化进程中流域城镇体系的总体规模、结构和功能，并对每个水文区位节点上城市的功能、规模、空间发展模式和发展速度等做出科学的限定，使流域建立起基于水资源共享、水生态环境共享的等级规模、功能合理的城镇体系，从而实现城镇体系建设与自然水循环的协调，实现流域水资源、水生态环境的统筹管理。

7.2.2　分散式的洪水治理方案

城市和流域目前在调蓄洪水方面强调且依赖于水利工程，通过建坝拦水，建闸筑库堵水，而一旦出现洪涝，往往把责任推于防洪排涝工程的标准低。事实上，长期以来过度的开发建设、河湖围垦导致的人水争地、人占水道是河流洪水泛滥的一个重要原因。科学的洪水治理应该从流域整体的角度，统筹流域上、中、下游的洪水调控功能，采取分散式的洪水治理方案以减少或取代传统的大坝模式。这一理念在欧洲的城市和流域洪水治理中取得了较好的成效（IsoIde Roch et al.，2005）。方案首先从分析和调整土地利用结构入手，分析哪些土地利用类型可能致洪，哪些有防洪的潜力，而后充分利用有防洪潜力的土地类型在整个流域内构建大量小型的、分散化的蓄水设施，做到根据自然规律进行洪水调控，在整个流域中构成网络化的分散式治理体系。具体措施有：① 在农业领域通过对土壤的调控来蓄水，包括多种类种植、有效利用田埂等以保护雨水使其尽可能留在原地；② 发挥森林的水文效应，改变单一的纯林种植模式，增加树种的多样性；③ 把居住区的不透水地面尽可能修复为可下渗地面；④ 尽可能修复河流的自然蓄水空间和弯曲度，增加雨水在弯道中的滞留时间，恢复被人工挤占的蓄水空间(图 7-3)；⑤ 充分利用各类自然保护区中的地面蓄水。此外，还可借助一些小型的、生态化的工程措施，例如在水流急、陡的地区，建设对流域生态影响不大的小型坝(0.8～2 m)，对河流实施阶梯状的分级管理，以及利用朽木堆坝等措施蓄水。

图 7-3　经过修复的德国易北河(左)和被围筑在人工堤岸内的奎河(右)

7.2.3　基于流域的水资源与水环境统筹管理

目前，我国涉水部门的分割管理、部门交叉重叠、以行政区划体制为主的管水模式也是导致用水效率低下、浪费严重、城市雨水游离于管理边缘化、污染不能全面控制的重要原因。此外，在过去以及现在以经济利益为核心的发展模式中，人类漠视水循环的基本生态功能，普遍而大量地耨用、挤占生态用水。为了防止水生态环境的进一步退化，必须以流域为基本单位，确保流域水系的生态环境用水和基本水文流动功能的维持。

在我国水资源紧缺、水污染、突发性水灾害越来越突出的情况下，应该将原来那种水量与水质分开、地表水与地下水分开、供水与排水分开、城市与流域分开管理的体制，改为在流域范围内对城市和农村供水、节水、污水处理及再生回用、城市雨水管理、水资源保护等实行统筹管理的新体制。实现流域水资源、水量与水质统筹，传统水资源与雨水、污水回用统筹，流域上下游统筹，流域各城市之间统筹的管理。这样的统筹管理有利于促进水资源的综合开发、利用和保护，有利于统筹解决洪涝灾害、水环境退化等问题，有利于保障流域整体的社会经济可持续发展、水资源的可持续利用和水生态环境的良好发展。

目前，南四湖流域设有流域管理委员会，但是它只负责水权分配和水利工程建设，并没有权力和能力统筹管理流域水系和所有城市社会用水的健康循环。实施基于流域的水资源与水环境统筹管理，应该使流域管理委员会承担起制定流域水系健康循环规划、制定流域内各河段水体功能和排放水标准、统筹制定流域内各省、市、县的取水规模和污水再生排放水质、建立完善的水源、供水和污水收费、水生态补偿体制等职责。只有这些职责的真正落实，才能保障流域范围内整体的城市化推进与流域水循环相互协调，才能维持流域健康的水循环。

参考文献

[1] (日)丹保宪任. 水文大循环和城市水环境代谢[J]. 给水排水,2002(6):1-5.
[2] 鲍超,方创琳. 干旱区水资源对城市化约束强度的情景预警分析[J]. 自然资源学报,2009(24)9:1509-1519.
[3] 蔡永明,张科利,李双才. 不同粒径制间土壤质地资料的转换问题研究[J]. 土壤学报,2003, 40(4):511-517.
[4] 曹喆,张淑娜. 天津城市化的发展趋向与水资源可持续利用[J]. 城市环境与城市生态,2002(3):24-26.
[5] 曾晓燕,牟瑞芳,许顺国. 城市化对区域水资源的影响[J]. 资源环境与工程,2005(4):318-322.
[6] 陈光庭. 城市发展与河流关系三议[J]. 城市问题,1998(1):29-32.
[7] 陈家琦. 现代水文学发展的新阶段——水资源水文学[J]. 自然资源学报,1986,1(2):46-53.
[8] 陈建耀. 城市水文学研究进展——东南亚地区城市水文学学术研讨会综述[J]. 水文科技进展,1997,14(1):18-22.
[9] 陈军锋,李秀彬,张明. 模型模拟梭磨河流域气候波动和土地覆被变化对流域水文的影响[J]. 中国科学(D辑),2004, 34(7):668-674.
[10] 成都地质学院普通地质研究室. 动力地质学原理[M]. 北京:地质出版社,1978.
[11] 程江,杨凯,刘兰岚,等. 上海中心城区土地利用变化对区域降雨径流的影响研究[J]. 自然资源学报,2010,25 (6):914 -925.
[12] 邓慧平,李秀彬,陈军锋,等. 流域土地覆被变化水文效应的模拟——以长江上游源头区梭磨河为例[J]. 地理学报,2003,25(1):53-62.
[13] 邓慧平. 气候与土地利用变化对水文水资源的影响研究[J]. 地球科学进展,2001:16,34,36-441.
[14] 丁文峰,张平仓,等. 城市化过程中的水环境问题研究综述[J]. 长江科学院院报,2006,23(2):21-26.
[15] 都金康,谢顺平,许有鹏,等. 分布式降雨径流物理模型的建立和应用[J]. 水科学进展,2006(5):637-644.
[16] 凡炳文,牟燕红,邱文俊. 洮河流域径流时间序列一致性及变异研究[J]. 水文,2008,28(3):69-73.
[17] 方创琳,孙心亮. 基于水资源约束的西北干旱区城镇体系形成机制及空间组织[J]. 中国沙漠,2006(26)5:860-867.
[18] 方创琳. 中国快速城市化过程中资源环境保障问题与对策[J]. 中国科学院院报,2009

(24)5:468-474.

[19] 高俊峰,闻余华.太湖流域土地利用变化对流域产水量的影响[J].地理学报,2002,57(2):194-201.

[20] 高俊峰.太湖流域土地利用变化及洪涝灾害响应[J].自然资源学报,2002,17(2):150-157.

[21] 高晓薇,刘家宏.深圳河流域城市化对河流水文过程的影响[J].北京大学学报:自然科学版,2012,48(1):153-159.

[22] 高云福.城市化发展与水系统的演变[J].城市勘测,1998,(3):5-8.

[23] 郝芳华,程红光,杨胜天.非点源污染模型:理论方法与应用[M].北京:中国环境科学出版社,2006.

[24] 郝振纯,苏振宽.土地利用变化对海河流域典型区域的径流影响[J].水科学进展,2015(4):491-499.

[25] 何春阳,陈晋,陈云浩.土地利用/覆盖变化混合动态监测方法研究[J].自然资源学报,2001,16(3):255-262.

[26] 胡珊珊,郑红星,刘昌明,等.气候变化和人类活动对白洋淀上游水源区径流的影响[J].地理学报,2012(1):62-70.

[27] 黄金川,方创琳.城市化与生态环境交互耦合机制与规律性分析[J].地理研究,2003,22(2):211-220.

[28] 李昌峰,高俊峰,曹慧.土地利用变化对水资源影响研究的现状和趋势[J].土壤,2002(4):191-205.

[29] 李德华主编.城市规划原理[M].3版.北京:中国建筑工业出版社,2001.

[30] 李吉学,李金玉,李平.南四湖水质有机污染评价及趋势分析[J].治淮,1999(7):38-39.

[31] 李丽娟,李九一.土地利用/覆被变化的水文效应研究进展[J].自然资源学报,2007,22(2):211-232.

[32] 李倩.秦淮河流域城市化空间格局变化及其水文效应[D].南京:南京大学,2012.

[33] 李硕,孙波,曾志远,等.遥感和GIS辅助下流域养分迁移过程的计算机模拟[J].应用生态学报,2004(2):278-282.

[34] 李秀彬.全球环境变化研究的核心领域——土地利用/土地覆被变化的国际研究动向[J].地理学报,1996:51(6):553-539.

[35] 李秀彬.土地覆被变化的水文水资源效应研究——社会需求与科学问题[C]//中国地理学会自然地理专业委员会.土地覆被变化及其环境效应[M].北京:星球地图出版社,2002.

[36] 李玉华.基于SWAT模型的三峡库区径流模拟研究[D].重庆:西南大学,2010.

[37] 刘昌明,刘晓燕.河流健康理论初探[J].地理学报,2008,63(7):683-692.

[38] 刘昌明.地理水文学的研究进展与21世纪展望[J].地理学报,1994(49)(增刊):517-526.

[39] 刘昌明.流域水循环分布式模拟[M].郑州:黄河水利出版社,2006.

[40] 刘登伟,延军平.秦岭南北径流变化特征对比分析[J].干旱区资源与环境,2008(11):

62-67.
[41] 刘红霞,王飞,黄玲,等.乌苏E-601B型蒸发与小型蒸发折算系数分析[J].沙漠与绿洲气象,2012(6):65-68.
[42] 刘敏,沈彦俊,曾燕,等.近50年中国蒸发皿蒸发量变化趋势及原因[J].地理学报,2009(3):259-269.
[43] 刘沁萍,田洪阵,杨永春.基于GIS和遥感的中国城市分布与自然环境关系的定量研究[J].地理科学,2012,32(6): 686-693.
[44] 刘易斯o芒福德.城市发展史:它到起源,演变和前景[M].北京:科学出版社,1994.
[45] 刘宇峰,孙虎,原志华.1960年至2007年汾河流域气温年际和季节性变化特征分析[J].资源科学,2011(3):489-496.
[46] 刘玉明,张静,武鹏飞,等.北京市妫水河流域人类活动的水文响应[J].生态学报,2012,32(23):7549-7558.
[47] 刘湛沅,王成新.城市化对城市气候影响的实证分析[J].资源开发与市场,2009,25(2):115-117.
[48] 鲁孟胜,韩宝平,吴恩江,等.南四湖流域环境地质问题及其治理对策[J].山东科技大学学报(自然科学版),2003,22(2):41-44.
[49] 马新萍,白红英,侯钦磊,等.1959年至2010年秦岭灞河流域径流量变化及其影响因素分析[J].资源科学,2012(7):1298-1305.
[50] 穆兴民,张秀勤,高鹏,等.双累积曲线方法理论及在水文气象领域应用中应注意的问题[J].水文,2010(4):47-51.
[51] 牛文全,冯浩,高建恩,等.流域雨水利用智能决策系统的研制与开发[J].干旱地区农业研究,2005,23(4): 165-168.
[52] 裴金萍,马新萍.近50年来渭河干流中段径流变化特征研究[J].干旱地区农业研究,2013(6):214-219.
[53] 任芝花,黎明琴,张纬敏.小型蒸发器对E-601B蒸发器的折算系数[J].应用气象学报,2002(4):508-514.
[54] 芮孝芳.水文学原理[M].北京:中国水利水电出版社,2004.
[55] 邵玉龙,许有鹏,马爽爽.太湖流域城市化发展下水系结构与河网连通变化分析——以苏州市中心区为例[J].长江流域资源与环境,2012(10):1167-1172.
[56] 申仁淑,辛玉琛.长春市产汇流模型研究[J].东北水利水电,1998,12:19-22.
[57] 申仁淑.长春市城市化影响效应分析[J].水文科技信息,1997,14(3):21-25.
[58] 沈吉,张祖陆,杨丽原,等.南四湖-环境与资源研究.北京:地震出版社,2008.
[59] 沈清基.对城市河流的生态学认识[J].上海城市规划,2003(2):31-36.
[60] 盛琼,申双和,顾泽.小型蒸发器的水面蒸发量折算系数[J].南京气象学院学报,2007(4):561-565.
[61] 史培军,袁艺,陈晋.深圳市土地利用变化对流域径流的影响[J].生态学报,2001,21(7):1041-1049.
[62] 水利部淮委沂沭泗水利管理局.沂沭泗河道志[M].北京:中国水利水电出版社,1996.
[63] 宋坦花.南四湖流域生态经济区划研究[D].济南:山东师范大学,2011.

[64] 孙虎,甘枝茂.城市化建设人为弃土引发的侵蚀产沙过程研究[J].陕西师范大学学报(自然科学版),1998,26(3):95-98.
[65] 孙虎.延安市人为松散堆积物的侵蚀与输移[J].水土保持学报,2001,15(1):69-73.
[66] 谭方颖,王建林,宋迎波.华北平原近45年气候变化特征分析[J].气象,2010(5):40-45.
[67] 谭海樵,等.城市雨水的统筹与共享[C]//中国地理学会2004学术年会暨海峡两岸地理学术研讨会论文摘要集,2004:391.
[68] 谭海樵,等.蓄排兼顾,修复城市雨水的天然通道[C]//雨水利用专业委员会.中国水利学会2007年学术年会论文集,2007:14-17.
[69] 王国庆,张建云,刘九夫,等.气候变化和人类活动对河川径流影响的定量分析[J].中国水利,2008(2):55-59.
[70] 王浩,王成明,等.二元径流演化模式及其在无定河流域的应用[J].中国科学(E辑),2004,34(增刊):42-48.
[71] 王浩,杨贵羽.二元水循环条件下水资源管理理念的初步探索[J].自然杂志,2010(32)3:130-133.
[72] 王文圣,丁晶,金菊良.随机水文学[M].北京:中国水利水电出版社,2008.
[73] 王学.基于SWAT模型的白马河流域土地利用/覆被变化的水文效应研究[D].济南:山东师范大学,2012.
[74] 王中根,郑红星,刘昌明,等.基于GIS/RS的流域水文过程分布式模拟[J].水科学进展,2004,15(4):501-505.
[75] 王紫雯,程伟平.城市水涝灾害的生态机理分析和思考——以杭州市为主要研究对象[J].浙江大学学报(工学版),2002,36(5):583-589.
[76] 魏凤英.现代气候统计诊断与预测技术[M].北京:气象出版社,1999.
[77] 文立道,范本贤,徐晓峰,等.多点入汇流计算法在北京城市洪水计算中的应用与研究[J].水文,1998(1):22-28.
[78] 夏军,谈戈.全球变化与水文科学新的进展与挑战[J].资源科学,2002,24(3):1-7.
[79] 夏军.华北地区水循环与水资源安全[J].地理科学进展,2002,21(6):517-526.
[80] 谢平,窦明,朱勇,等.流域水文模型——气候变化和土地利用/覆被变化的水文水资源效应[M].北京:科学出版社,2010.
[81] 许有鹏,丁瑾佳,陈莹.长江三角洲地区城市化的水文效应研究[J].水利水运工程学报,2009(4):67-73.
[82] 许有鹏.流域城市化与洪涝风险[M].南京:东南大学出版社,2012.
[83] 许有鹏.长江三角洲地区城市化流域水系与水文过程的影响[M].北京:科学出版社,2012.
[84] 薛丽芳.面向流域的城市化水文效应研究[D].徐州:中国矿业大学,2009.
[85] 杨青山.城市流域水资源循环利用与可持续发展规概论[J].中外建筑,2008,6:81-84.
[86] 杨士弘,等.城市生态环境学[M].北京:科学出版社,2003.
[87] 沂沭泗水利管理局.淮河流域沂沭泗水系实用水文预报方案[R].济南:山东省水文局,2001.

[88] 沂沭泗水利管理局.沭泗流防汛手册[M].徐州:中国矿业大学出版社,2003.
[89] 殷克东,赵昕,等.基于PSR模型的可持续发展研究[J].软科学,2002,16(5):62-66.
[90] 袁建新,王寿兵,王祥荣,等.基于土地利用/覆盖变化的珠江三角洲快速城市化地区洪灾风险驱动力分析:以佛山市为例[J].复旦大学学报:自然科学版,2011,50(2):238-244.
[91] 张建云,章四龙,王金星.近50 a来我国六大流域年际径流变化趋势研究[J].水科学进展,2007,18(2): 31-34.
[92] 张杰,李冬.城市水系统健康循环理论与方略[J].哈尔滨工业大学学报,2010(42)6:849-854.
[93] 张杰,李冬.流域和城市水健康循环战略规划实例[J].给水排水,2008,34(5):136-146.
[94] 张杰,熊永必,李捷.水健康循环原理与应用[M].北京:中国建筑工业出版社,2006.
[95] 张欧阳,许炯心,张红武,等.洪水的灾害与资源效益及其转化模式[J].自然灾害学报,2003,12(1):25-30.
[96] 郑德本,夏斌,赵冠伟.基于逻辑回归CA的土地利用变化模拟——以广州市花都区为例[J].安徽农业科学,2010(11):5791-5793.
[97] 郑璟,方伟华,史培军,等.快速城市化地区土地利用变化对流域水文过程影响的模拟研究——以深圳市布吉河流域为例[J].自然资源学报,2009(9):1560-1572.
[98] 郑泳杰,张强,陈晓宏.1961～2005年淮河流域降水时空演变特征分析[J].武汉大学学报(理学版),2015(3):247-254.
[99] 周林飞,许士国,孙万光,等.基于压力-状态-响应模型的扎龙湿地健康水循环评价研究[J].水科学进展,2008,19(2):205-213.
[100] 周淑贞,东炯.城市气候学[M].北京:气象出版社,1994.
[101] AP:Miliband calls for 'radical rethink' on land use,http://environment.guardian.co.uk/ conservation/story/0,2030492,00.html,2007.
[102] BATHURS J C,EWEN J,PARKIN G,et al. Validation of catchment models for predicting land-use and climate change impacts[J]. Journal of Hydrology,2004 (287): 74-94.
[103] BICKNELL B R,IMHOFF J C,KITTLE J L,et al. Hydrologic Simulation Program: Fortran User Manual for Release 10[R]. Washington, US: Environmental Protection Agen-cy,2001.
[104] BOITSIDIS A,GURNELL A. Environmental Sustainability Indicators for Urban River Management[J]. Sustainable Management of Urban Rivers and Floodplains (SMURF),2004.
[105] CALDER I R. Hydrologic effects of land use change[C]//MAIDENT D R. Handbook of Hydrology. McGraw-Hill,New York ,1993.
[106] CHANGNON D,FOX D,BORK S. Differences In Warm-Season,Rainstorm-Generated Stormflows For Northeastern Illinois Urbanized Basins1[J]. JAWRA Journal of the American Water Resources Association,1996,32(6):1307-1317.

[107] COTTINGHAM P,et al. Urbanization impacts on stream ecology-from syndrome to cure? [R] Outcomes of workshops held at the Symposium on Urbanization and Stream Ecology, Melbourne University, Melbourne, Australia, 8th-10th December 2003:2-6.

[108] CROKE B F W, MERRITT WS, JAKEMAN A J. A dynamic model for predicting hydrologic response to land cover changes in gauged and ungauged catchments[J]. Journal of Hydrology , 2004 (291) :115-131.

[109] DANIEL NIEHOFF ,UTA FRITSCH, AXEL BRONSTERT. Land-use impacts on storm-runoff generation: scenarios of land-use change and simulation of hydrological response in a meso-scale catchment in SW-Germany[J]. Journal of Hydrolog y,267 (2002):80-93.

[110] DAVIS C. Fourth Generation Water System, A paper for Local Government and Shires Association, NSW [EB/OL]. http://www. lgsa. org. au/resources/documents,2008.

[111] DEFRIES R, ESHLEMAN K N. Land-use change and hydrologic processes:a major focus for the future[J]. Hydrological Processes,2004(18):2183-2186.

[112] FOHRER N, HAVERKAMP S, ECKHARDT K, et al. Hydrologic Response to Land Use Changes on the Catchment Scale[J]. Phys Chem Earth (B),2001(26): 577-582.

[113] FULU T, MASAYUKI Y, YOUSAY H, et al. Future climate change, the agriculture water cycle, and agricultural produc-tion in China[J]. Agriculture, Ecosystems and Environment,2003(95):203-215.

[114] GOODMAN J, LUNDEAND K, ZARO T. Baxter Creek Gateway Park: assessment of an urban stream restoration project. eScholarship Repository, University of California[EB/OL]. http:// repositories. cdlib. org/wrca/restoration/Goodman,2006.

[115] GROTEHUSMANN, KHELIL D, SIEKER A, et al. Hydrologisch-stadt? kologische Studie über künftige M? glichkeiten der Regenwasserentsorgung versiegelter Fl? chen imEmscher-Einzugsgebie[C]//Schlussbericht, Teil 2: Projektgebiet Siedlung Schüngelberg, Institut für Wasserwirtschaft, Universit? t Hannover,1991.

[116] Hamed K H. Trend detection in hydrologic data:The Mann-Kendall trend test under the scaling hypothesis[J]. Journal of Hydrology. 2008,349(3/4):350-363.

[117] IAN R CALDER, ROBIN L HALL, HEIDI G. Bastablea. The impact of land use change on water resources in sub-Saharan Africa: a modelling study of Lake Malawi [J]. Journal of Hydrology ,170 (1995):123-135.

[118] IMBE M, OHTA. TAKANO N. Methodological approach to improve the hydrological water cycle in urbanized areas, Proceedings of the Second International Conference on Innovative Technologies in Urban Storm Drainage[R]. Lyon, France, 1995: 37-44.

[119] ISOIDE ROCH, DAGMAR PETRIKOVA. Border-Free River Basins Flus-

landschaften ohen Grenzen[M]. Published:ROAD Bratislva,2005.

[120] JENS KRISTIAN LCRUP,JENS CHRISTIAN REFSGAARD. Assessing the effect of land use change on catchment runoff by combined use of statistical tests and hydrological modelling: Casestudies from Zimbabwe[J]. Journal of Hydrology,1998 (205):47-163.

[121] KARR J R. Defining and measuring river health[J]. Freshwater Biology,1999(41): 211-220.

[122] KILMANN R H, SAXTON M J, SERPA R. Introduction: Five key issues in [J],1985.

[123] KOSTER R D,SUAREZ M J. A simple framework for examingthe interannual variability of land surface moisture fluxes [J]. Journal of Climate,1999(12):1911-1917.

[124] LASANTA T, GARC? IA-RUIZ J M. Runoff and sediment yield in a semi-arid environment: the effect of land management after farmland abandonment[J]. Catena, 2000(38):265-278.

[125] LIU Y B, SMEDT F D,L. HOFFMANNB L,et al. Assessing land use impacts on flood processes in complex terrain by using GIS and odeling approach[J]. Environmental Modeling and Assessment ,2004(9):227-235.

[126] NANCY B GRIMM,STANLEY H FAETH,NANCY E. Golubiewski,et. Global Change and the Ecology of Cities[J]. Science. 2008,319(8):756-760.

[127] NEITSCH,KINIRY J R. Soil and Water Assessment Tool Theoretical Documentation Version 2005[J].

[128] NORRIS R H,THOMAS M C. What is river healthy[J]. Freshwater Biology,1999 (41):197-209.

[129] OECD. OECD core set of indicators for environmental performance review[R]. Pairs:Environmental Monography,1993.

[130] PARKIN G, O'DONNELL G, EWENA J,et al. Validation of catchment models for predicting land-use and climate change impacts:Case study for a editerranean catchment[J]. Journal of Hydrology,175 (1996) :595-613.

[131] POLASKOVAA K,HLAVINEKA P,HALOUN R. Integrated approach for protection of an urban catchment area[J]. Desalination,2006(188):51-59.

[132] ROCH I,MATTHEY M. Grundlagen und Perspektiven grenzüberschreitender Raumentwicklung für den deutsch- tschechischen Grenzraum [C]//KR? TKE ST. Chancen der EU-Osterweiterung für Ostdeuts chland. Hannover,2006.

[133] SHENG J,WILSON J P. Watershed urbanization and changing flood behavior across the Los Angeles metro- politan region[J]. Natural Hazards,2009,48(1): 41-57.

[134] SIEKER F,KAISER M,SIEKER H. Dezentrale Regenwasserbewirschaftung im privaten[J]. gewerberlichen und konnunalen Bereich,Fraunhofer IRB Verlag,2006.

[135] SIRIWARDENAA L,FINLAYSON B L,MCMAHO T A. The impact of land use change on catchment hydrology in large catchments: The Comet River, Central

Queensland,Australia[J]. Journal of Hydrology,2006(326):199-214.

[136] TAN H Q. Nature-oriented Mode for Rainwater Management in Urban Area[J]. Journal of China University of Mining & Technology,1999,9(2):144-148.

[137] TANG B A,ENGEL B C,PIJANCWSKI,et al. Forecasting land use change and its environmental impact at a watershed scale[J]. Journal of Environment Management,2005(76):35-45.

[138] TOBY N CARLSON, TRACI ARTHUR S. The impact of land use-land cover changes due to urbanization on surface microclimate and hydrology: a satellite perspective[J]. Global and Planetary Change,2000(25):49-65.

[139] WILLIAMS J R,NICKS A D,ARNOLD J G. Simulator for water resources in rural basins[J]. Journal of Hydraulic Engineering,1985,111(6):970-986.